墨子 Micius Salon 策划

爱上科学
Science

一说《三体》

《三体》中的前沿科学漫谈

王一 —— 著

人民邮电出版社
北京

图书在版编目（CIP）数据

一说《三体》：《三体》中的前沿科学漫谈 / 王一
著. -- 北京：人民邮电出版社，2023.6
（爱上科学）
ISBN 978-7-115-60591-7

Ⅰ. ①一… Ⅱ. ①王… Ⅲ. ①科学知识－普及读物②
幻想小说－小说研究－中国－当代 Ⅳ. ①N49
②I207.425

中国版本图书馆CIP数据核字(2022)第236048号

内 容 提 要

本书围绕科幻小说《三体》世界观展开，介绍了小说中涉及的数学、物理学、信息科学等领域
的知识，讨论了科学哲学问题，同时加入了作者在科研过程中的一些思考。

本书包括 6 个章节和附录。前 3 章从物理学的角度介绍了三体问题的研究进展、多种星际旅行
技术的可能性、不同的空间维度的规律等，第 4 章讲解了信息科学中简单的计算机原理和半导体知
识，第 5 章讨论了外星生命的存在概率，第 6 章探讨了物理学的存在基础。最后在附录中讨论了《三
体》中存在的一些纰漏，介绍了相对应的科学知识。

本书适合科幻小说爱好者和科普爱好者阅读。

♦ 著 王 一
责任编辑 胡玉婷
责任印制 马振武

♦ 人民邮电出版社出版发行 北京市丰台区成寿寺路 11 号
邮编 100164 电子邮件 315@ptpress.com.cn
网址 https://www.ptpress.com.cn
北京宝隆世纪印刷有限公司印刷

♦ 开本：700×1000 1/16
印张：15.25 2023 年 6 月第 1 版
字数：207 千字 2023 年 6 月北京第 1 次印刷

定价：79.80 元

读者服务热线：(010)81055493 印装质量热线：(010)81055316
反盗版热线：(010)81055315
广告经营许可证：京东市监广登字 20170147 号

推荐序1

王教授是我在中国科学院理论物理研究所读书时的师兄。十多年过去了，他在办公室走廊里踱着方步悠然自得的样子至今历历在目。

在现代社会，科幻与科普作品都是人民大众直接了解科学、思考科学以及探索科学的好帮手。一部视野开阔、想象力丰富的科幻作品往往可预言未来的科学技术，比如科幻小说开创者凡尔纳在《海底两万里》中描写的潜水艇技术以及科幻大师阿瑟·克拉克在《太空漫游》系列中对于宇航技术和木星图像的描写，都在之后的科学探索中得到了一定程度上的认证。而科普作品，可以帮助大众以最简单的图像认识最新的科学理论。更重要的是，优秀的科普作品可以让大众看到科学的思考方式和严谨的思考态度，让大众更亲切地接触科学，更热衷于讨论科学。例如，霍金的《时间简史》启迪着人们对时空奇异性质的认识，卡尔·萨根的《暗淡蓝点》与《宇宙》叙写了人类、地球和宇宙的壮美史诗。

不过，我在阅读科幻小说之时，往往期许有相对应的科普作品对小说中的无限幻想进行科学的解释；在阅读科普作品、从事科研工作之时，又往往因这些时空宇宙中本身难以想象的奇妙性质难以利用文学的方式呈现而叹惋。我有时会想：科幻与科普的结合能否成为一门内外兼修的"武功"？科幻+科普会不会产生1+1远大于2的效果？在读完王教授解析《三体》小说的科普读物《一说三体》后，我相信答案是肯定的。

《三体》小说中包含对不同领域科学的无限遐想。读者读完《三体》后，肯定会提出各种各样同样具有想象力的问题。你可能会好奇，为何三体人的世界中，三星系统的运动如此不规律；小说中通过描写纸船在水面运动的原理来比喻的曲率引擎是否在科学上真正成立；人类如果无法超越光速，可能会用怎样的方式进行远距离的宇宙航行；蓝色空间号星舰进入四维空间方式是什么；是否有多维空间，多维空间在科学上成立的理论是什么……《三体》世界观中的奇思妙想实在是太多了，而王教授在他的书中都做了细致而生动的科学解答。

在本书中，你会感受到王教授作为一名科学家的严谨性。例如，在描述混沌系统时，王教授细致描述了洛伦茨在发现混沌现象时一步步深入的思考，为我们揭示了一名科研人员在实验结果出问题时应有的科学态度。又比如，在阅读过程中，你会发现王教授将《三体》中涉及的科学问题分为三类，对不同类型的问题，讲解的语气大为不同。面对科学上已确知的问题，王教授的语气是确定的；面对科学上正在研究的问题和猜想，王教授仅是描述了各种可能的结论，鲜有确定性的评论，他还会特意将实验确定的科学事实与未被确定的猜想区分开来；而对于书中特别奇妙甚至现有科学难以描述的猜想，王教授则会带领大家一起思考，猜测用何种理论去解释这些猜想，这时，王教授大多使用疑问句或使用虚拟的语气。

本书中最触动我的一点是，王教授作为一名科学家的人文素养。书中、他化用了海子的一句话"今夜，我不想你，我只关心人类"（海子原文刚好是反过来）。这与著名科幻作家莱姆所说的"我感兴趣的是整个人类的命运，而不是个体的命运"有异曲同工之妙。当然，这句话并不是王教授的观点，相反，他在本书中对是否以点状化文明的视角认识人类这一问题有着更深刻和充分的讨论。此外，王教授对外星文明的讨论、对自然是否自然的探讨以及对物理学之美的描述无不体现出他对世界的人文思考。

最后，本书还有一大特色——亲切而富有感染力的语言。王教授在解释各种科学问题时一直将自己置于读者的视角，思读者之所想。一连串提问与解答使读者在阅读本书时仿佛在与作者一同探索《三体》中的科学。我想这主要是因为王教授经常在科普直播中与读者互动，因此他比大多数科学家更了解大众对科学的思考方式。

本书内容包罗万象。无论你是科幻迷、科学爱好者、科学从业者或学生，还是读完《三体》后想了解科学的"同志"，本书都是你的必备之选。

胡彬

北京师范大学天文系教授

　　《三体》是我最喜欢的小说。小说中描写了距离我们4.2光年的南门二恒星系统上居住的三体人的生存状态以及他们与人类文明之间发生交流碰撞的故事。小说中，三体人所在的行星附近的三颗恒星构成一个三星系统，三星系统的运动极其不规律。在人类居住的太阳系中，从地球表面看天空，每天太阳都从东边升起，到西边落下，一天的时间总是约24小时，一年总是约365天。三体人居住的星球上有恒纪元和乱纪元之分。恒纪元是三体星上难得的好时代，每天太阳升起的时间都非常规律。在乱纪元，每天太阳升起的时间都极其不规律。三体人于是进化出了脱水、浸泡等神奇的生存技能。由于生存环境十分恶劣，所以三体人在接到叶文洁的消息之后，萌生了侵略地球的想法。后来，在对待三体人的态度上，地球人分为了降临派、拯救派和幸存派三个派别。其中拯救派致力于求解三体问题，从而拯救三体文明。但三体问题的求解非常困难，小说中的魏成用进化算法找到了100多种稳定的解，但距离真正解决三体问题仍然十分遥远。

　　读了本书后，你会发现我们天文上的南门二恒星系统的三颗恒星的运行是十分稳定的，这是因为比邻星位于南门二A和南门二B构成的双星系统半径的1000倍距离以外，跟小说中描写的情况是不同的。比邻星上处于宜居带内的行星"比邻星b"上的生命遇到的问题并不是三颗太阳的运动不稳定的问题，而是其他一些问题，比如说比邻星经常性发出的巨大耀斑会产生大量的紫外线，可能对生命产生毁灭性影响。虽然真实的南门二恒星系统的运行状态十分稳定，三体问题仍然是一个非常困难的问题。本书提出了和小说中的魏成的进化算法不一样的解决思路，比如首先考虑平面限制性三体问题。此外，通过本书你还会知道目前三体问题的新进展，2017—2018年，李晓明、景益鹏、廖世俊为三体问题找到了数千个特解，比小说中的魏成找到的特解还要多10倍。

小说中的程心叠了一艘小小的纸船，在纸船的后面放上一小块肥皂，小船便会向前运动。小说中用纸船在水面运动的原理去比喻星舰的曲率引擎的工作原理。然而，通过本书，你会了解到事实上有两种驱动星舰的可能方式：真空相变和曲率引擎。本书作者王一老师对这两种机制分别进行了介绍，小说中的星舰更像是真空相变的原理所驱动的，而不是曲率引擎所驱动的。除了了解这两种可能的驱动方式之外，你还能了解曲率、宇宙膨胀等相关知识。本书还不仅仅局限在小说中的星舰的工作原理，王一老师还对其他小说，比如《基地》中的利用时空跳跃实现时空旅行的机制进行了分析，这又涉及虫洞的知识。

《三体》中还讲了一个名叫狄奥伦娜的魔法师，对她而言，所有的东西都是打开的，她能从完全封闭的密室中不费吹灰之力偷出东西。小说中提到，这是由于一个高维碎块接触到了地球。那么高维空间在物理学中对应了什么呢？高维空间的物理性质跟普通空间有什么区别呢？我们能在高维空间中生活吗？科学研究中的额外维理论，比如说卡鲁扎-克莱因理论和弦论，具体内容是什么呢？这些问题你都能在本书中找到答案。

《三体》是一本包罗万象的小说，书中不仅介绍了自然科学里的诸多知识，还涉及博弈论、哲学等知识。这些知识你可以在王一老师的这本书中找到相应的解说。例如，《三体》中的黑暗森林假说中的猜疑这个要素，就来源于博弈论中经典的囚徒困境。除此之外，本书中还有很多王一老师作为一位科学家分享的自己的成长经历、对物理的美的感受、科学研究的快乐，等等。

在附录中，你还能看到小说中的哈勃二号太空望远镜、红岸基地中的射电望远镜、宇宙微波背景辐射、冬眠、深海模式这些概念背后的物理。最后,你还能了解到《三体》中一些不符合科学的地方。读一本小说,你关注的点不应仅仅是其中引人入胜的情节,更应该对其中的科学进行深入的思考,这样你才算真正读懂了一本小说。但是对很多非物理专业的朋友而言,很多点是难以理解的。那么,本书就是你阅读《三体》的最佳伴侣。

最后,我想说,本书一定能让你对科学充满兴趣。

周思益

自序

科幻小说分两种：一种是以少数想法为基础衍生出来的；另一种则是基于大量想法写作的，并描绘了一整套亦真亦幻的世界观。这两种科幻小说都不乏伟大作品，而刘慈欣的《三体》无疑属于后者的代表。整个三体世界宏大而冷峻，随着《三体》三部曲故事情节的推进，在读者面前缓缓展开。

以《三体》为引子，我希望本书同时承载两种功能。

第一个功能是科普。可以说，写《一说〈三体〉》是我在多年科普创作的过程中最畅快的一次。作为读者的您大概率也是《三体》的爱好者。如果您也喜欢《三体》的话，"现在，我们是同志了"。这句话不是说笑。《三体》的作者已经用远超一个普通科普作家所能及的笔力，将一幅科学图像描绘出来了。我相信这幅图像不仅写在纸上，也印在了《三体》爱好者的心里。我们心里的这幅图像为本书的科普内容提供了大量共识。这些共识是深入讨论的基础。基于这些共识，我与读者可以很自然地在科学内容上"聊起来"，在慢慢聊的过程中，大家会觉得本来仿佛艰涩难懂的物理世界在不知不觉间已不再难懂。

不仅如此，《三体》为我提供了一个特别的语境，让我能够与大家交流我对人类未来的思考。海子说："今夜我不关心人类，我只想你。"但是我想说："今夜，我不想你，我只关心人类。"如果没有一个科幻背景，我们在生活中会花多少时间思考人类的未来呢，又会有多少机会与朋友讨论人类的未来呢？在《三体》的语境下，让我们也认真地关心一次未来，关心一次人类。

第二个功能是对《三体》的世界观做科学的解读与阐述。我觉得基于《三体》的世界观，有潜力发展出一整套文化产品，就好像漫威电影宇宙一样。为了充分发挥《三体》的文化价值，让更多的朋友深入地思考科学、思考未来、思考人类、思考世界，我认为科学工作者应当对《三体》涉及的知识甚至世界观，做更多讨论。这正是我在本书中尝试做的。

科幻小说毕竟不是科研论文，里面的幻想成分往往未必严谨到符合科学事实的程度。所以，在从科学的角度解读《三体》的世界观时，想要兼顾恢弘的想象和严谨的科学不是一件容易的事。本书的科学内容分三种。第一种是已经确知的科学事实，比如相对论和量子力学。第二种是目前流行的科学猜想，比如曲率驱动，虽然已有很多广义相对论工作者对此进行研究（我也是其中一员），但我们还不知道真实世界中能否容许这样的引擎存在。我会把科学事实和猜想为读者区分开来。第三种是除了科学事实和流行的科学猜想之外，我本人为解释《三体》中一些概念所做的猜想。在涉及我本人猜想的内容中，我会明确设置标识，用提问或虚拟语气展开，以将其与标准的科学内容相区别。比如一旦您看到一段话以"有没有一种可能，我只是说可能"开始，那么这段话中包含的猜想就已经不是科学的一部分了。不过，它们不是毫无依据，而是我认为的在科学所容许框架内的一种可能性。

除了努力做好科普和对《三体》世界观进行科学解读之外，本书还包括以下两部分内容。

第一，本书有相关视频内容。关于《一说〈三体〉》，我曾在网上做过十六讲的直播。直播内容和本书内容相关，但又不尽相同。您无论是觉得本书有些内容难懂、希望找些内容互补印证，还是觉得本书太简单、读过意犹未尽，都不妨在直播回放中找到相关内容。直播回放可以在哔哩哔哩的"墨子沙龙"和新浪微博的"王一研究宇宙"《一说〈三体〉》视频合集中找到。我也借此机会感谢墨子沙龙在《一说〈三体〉》直播中的合作。

第二，本书有大量的脚注内容。这是因为思维是非线性的、发散的，我有太多想法想和大家交流，但是无法把它们全都纳入一个线性的、让人流畅阅读的主线当中。所以，大家可以先看一大段，比如一节的正文，之后再回头看页下的脚注，从而可以享受发散思维的乐趣，而思路也不至于被这些脚注打断。

在本书的写作中，我得到了很多朋友的帮助。特别感谢朱燕南、常富杰、金天灵等老师和刘宇梦、祝浴航、丁乾航等同学对本书提出的宝贵建议。在直播中，很多网友"神回复"式的弹幕给了我很多启发，对此，我也深表感激。

最后，《三体》的世界观浩瀚庞大，《一说〈三体〉》对其的解读只是沧海一粟，很多优秀作品已经珠玉在前，特别是我的博士导师李淼教授写作的《〈三体〉中的物理学》。如果您碰巧读到了我的书，而没有读过李淼教授的《〈三体〉中的物理学》的话，也强烈推荐您读一读。

王一

2022年9月，于香港科技大学

| 目 录 |

第一章　三体问题

本章导读 1
南门二 1
太阳系稳定吗? 7
三体问题 10
震惊魏成和庞加莱的变化 15
混沌与非线性科学 21

第二章　飞向群星

本章导读 28
太空电梯 28
无工质推进 36
赫尔辛根默斯肯香皂驱动的星舰 43
阿库别瑞引擎 49
虫洞与时空跃迁 56

第三章　定律之战

本章导读 62
空间维度 63
降维打击 67
从黑洞到黑域 75
平行宇宙 85
时间之外 90

第四章　从秦始皇到计算机

本章导读 95
秦始皇的计算机 96

如何造出一扇逻辑门？ 104
信息的自解译 113

第五章 黑暗森林

本章导读 119
我们孤独吗？ 119
费米悖论 127
有多少地外文明？ 129
如何解决费米悖论？ 133
黑暗森林：猜疑 137
黑暗森林：威慑 144
文明的点状化 150
给岁月以文明 157

第六章 物理学不存在？

物理学不存在？ 159
本章导读 160
大自然真的是自然的吗？ 160
自然性这个问题自然吗？ 165
智子能锁死物理学吗？（弱版本） 173
智子能锁死物理学吗？（强版本） 175
射手和农场主 180
科学边界 185
我们是同志了 190
美，爱与物理学 196

附录

仰望星空 199
技术爆炸 206
生命之魅 212
三体文明 216
捉虫记 220

第一章

三体问题

本章导读

本章先探索"三体人"居住的南门二恒星系统，包括系统内的恒星和可能宜居的行星。接下来，我们讨论三体问题的稳定性，包括南门二系统的稳定性、太阳系的稳定性及三体问题的求解有多难。三体问题"不可解"的特性，推动我们打开了"混沌科学"之门。

南门二

在刘慈欣的小说《三体》中，叶文洁发现了太阳有放大高频信号的功能。她在1971年秋天的一个平淡无奇的下午，用红岸发射器向太阳发射电波信号。16分钟后，叶文洁并没有收到回波，但是：

叶文洁不知道，就在这时，地球文明向太空发出的第一声能够被听到的啼鸣，已经以太阳为中心，以光速飞向整个宇宙。恒星级功率的强劲电波，如磅礴的海潮，此时已越过了木星轨道。

这时，在12 000兆赫[1]波段上，太阳是银河系中最亮的一颗星。

电波是宇宙中最寂寞的信使。以太阳为中心，电波呈球面向宇宙发散开来，第3分钟越过水星，第8分钟越过地球，第4小时越过冥王星，第2年越过奥尔特云，飞出了太阳系。第4年，一小部分电波到达了它们的目的地。这个目的地用中国古代的星官来命名，叫南门二；用拜耳命名法，叫半人马座α星。在地球上，只有北纬29°以南可以看到南门二，也就是说，在我国南方可以看到它，但在北方看不到它[2]。

如果只靠人的眼睛，在这个方向上只能看到一个亮点，其亮度仅次于天狼星和老人星[3]。但南门二并不是一颗星，而是三颗恒星组成的系统，它们是南门二A、南门二B和比邻星。这三颗星在48.5亿年之前就形成了，比太阳还要早2亿多年。

比邻星

电波首先到达了比邻星，这距它从太阳发出已经过了4.22年。如果不是以光的速度计算，而是以人类现有的飞船的速度计算的话[4]，则要7万年才能到达。

---

1 12 000兆赫，通常记为12GHz，对应波长2.5厘米，属于微波波段，在无线电波中算是波长较短的。包括12GHz在内的1~40GHz无线电波，通常用于卫星通信（这也与红岸基地表面上的目的，通过红岸天线攻击敌方卫星的实验相关）。通过无线电（又称射电）寻找地外文明，或与地外文明通信，是寻找地外文明最常用的方式。我们在《黑暗森林》一章中会具体讨论为什么使用微波波段，以及寻找地外文明的其他方式。

2 三体人应该能够预知，地球上并非任何地方都能收到他们发回的信号（事实上，红岸基地所在的北半球高纬度地区是看不到南门二的，也就无法直接收到他们的信号）。怎么确保他们的回信可以被地球任何地方的天线收到呢？他们可以通过分析他们收到信号中的哪些频率被地球大气吸收得多，来推断地球大气的结构。之后，他们可以仔细选择波长，使得他们发射的信号可以被地球电离层反射一部分，以无线电天波通信的方式广播至整个地球（不过，红岸基地1G~40GHz的收音范围似乎无法收到天波通信）。

3 除太阳系中的太阳、月亮和几颗行星以外。

4 这里按旅行者1号的速度61 500千米/时计算。

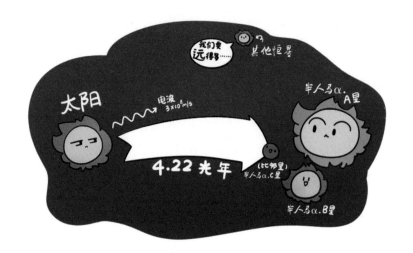

比邻星是一颗红矮星，尽管它离我们最近，但是它太暗了，其全波段总亮度是太阳总亮度的千分之二。并且，比邻星发出的光更多的是红外线波段的光，在可见光波段，它的亮度只是太阳亮度的两万分之一。所以，人类直到1915年才发现这颗离我们最近的恒星。比邻星的直径是太阳直径的七分之一（也就是木星直径的1.5倍），质量是太阳质量的八分之一。但是，由于它内部核反应与太阳相比要缓慢得多，因此比邻星可以持续发光上千亿甚至上万亿年。

比邻星至少有两颗行星[5]。其中，叫作"比邻星b"的行星[6]处于比邻星的宜居带内。"宜居带内"的意思是，其具有液态水形成的条件。但是，我们担心比邻星b其实对生命而言并不真的"宜居"。因为和多数红矮星一样，比邻星的"脾气"不太好，虽然其绝对亮度不高，但经常爆发巨大的耀斑。比邻星上最大的耀斑的亮度可以达到太阳耀斑的100倍以上，这让比邻星的亮度在几秒钟时间内可增强几千至

---

5 截至本书完稿时，比邻星还有一颗候选行星尚未被最终确认。人们也怀疑比邻星还有更多的行星，但没有足够证据。或许很快正文中"比邻星有两颗行星"的介绍就过时了。在《三体》中，其实如果三体文明那么先进，他们应该不难发现太阳周围的包括地球在内的行星才对。不过，系外行星这个研究领域的发展在近30年非常快，在《三体》完稿的时候，人类还没有发现比邻星的行星，当时《三体》的作者很难估算太阳系与比邻星互相发现彼此行星的难易程度。

6 "比邻星"是恒星（好比太阳），加了小写字母后缀的"比邻星b"是比邻星的行星（好比地球）。

几万倍。例如,2019年天文学家观测到的一个耀斑让比邻星在紫外波段的亮度增加了1.4万倍。这种耀斑的爆发,对生命来说可能是毁灭性的,三体行星上的生命连脱水都来不及。

我们已经提到,比邻星太暗了,所以,比邻星b要位于宜居带内,就要离比邻星特别近才行。比邻星b与比邻星的距离只是日地距离的0.05倍。这会导致比邻星b被比邻星潮汐锁定,只有一面朝着比邻星,就像月亮只有一面朝着地球一样。因此,比邻星一面永远是炎热的白天,另一面永远是寒冷的黑夜,或许生命只能出现在昼夜交界的地方。另外,地球磁场可以让地球生命免受太阳风辐射的影响,比邻星b未必有这么好的运气。

无论如何,在宜居带内总比不在宜居带内好。如果比邻星b真的存在生命(或许这就是《三体》中的三体人吧[7]),由于比邻星的恒星寿命远长于太阳,他们在未来有比太阳系生命多100倍的时间繁衍。祝他们好运。

南门二A与南门二B

从32 000年前开始,到25 000年后为止,比邻星是离我们最近的恒星。但在25 000年之后,在这个三体系统中,比邻星将转到比南门二A和南门二B更远的距离处,而南门二A和南门二B将以80年为周期[8],交替成为离太阳系最近的恒星。

不过现在,比起比邻星的距离来,南门二A和南门二B的距离还要更远些。电波越过比邻星后,还要一个半月才能到达南门二A和南门二B。也就是说,南门二A和南门二B与比邻星的距离足足有13 000个日地距离。

南门二A的质量是太阳质量的1.1倍,其亮度是太阳亮度的1.5倍。南门二B的

---

7 刘慈欣在一次访谈中曾提到,在《三体》原稿中,并没有指定这个三合星系统是南门二。在我写作本书的过程中,本书的编辑建议用离我们最近的南门二为例子介绍这个没有指明的系统。

8 南门二A和南门二B的绕转周期为80年,因此距离我们最近的恒星每40年改变一次。

质量是太阳质量的0.9倍,其亮度是太阳亮度的0.5倍。我们还不知道南门二A有没有行星。但是在人类幻想的世界里,电影《阿凡达》的故事就发生在南门二A的一颗气态行星的卫星"潘多拉"上。

南门二B至少具有一颗行星,但是这颗行星轨道距离南门二B太近,所以其表面温度估计有1000多摄氏度,一点儿也不宜居。

南门二A和南门二B相互绕转的轨道是个椭圆,两颗星最近时相互距离11个日地距离,最远时相互距离36个日地距离。

三合星的运动混乱吗?

从前面的叙述中,你可能已经推断出,组成南门二的三颗恒星运动并不混乱。就连我们人类都能推断出它们上万年后的运行轨道。它们并不混乱的原因是:南门二A和南门二B组成一个双星系统,比邻星远在这个双星系统半径的1000倍以外[9]。引力是平方反比定律,所以比较力的大小的时候,我们要把这个1000倍进行平方运算,得到100万倍。所以对这个双星系统而言,比邻星的影响很小。在计算双星系统的轨道时,可以先把比邻星忽略掉。如果我们想达到更高的精度,就再把比邻星的作用当作一个小小的"扰动"加回来就行。对比邻星而言,南门二A和南门二B之间距离太近了,按照一颗星来计算就行。同样,可以用"扰动"的方法把由南门二A和南门二B之间的距离产生的效应加回来。天文学家早就熟练掌握了这种"扰动"方法,并在19世纪用它发现了海王星。在现代,有了计算机的帮助,所以只要知道初始条件,在一定的时间范围内[10],计算南门二系统的轨道一点儿也不难。

你一定听说过,求解三体问题极其困难。这是怎么一回事呢?

---

9 比邻这个叫法是相对于几万年之内的地球人类而言的。

10 我们会加上"在一定的时间范围内"的限制条件的原因是:在扰动理论中,有些项是随时间增长的,它们越来越大,最后我们就没法用原来的扰动理论计算了。

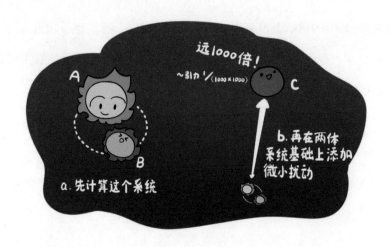

假如比邻星、南门二A、南门二B这三颗星的距离差不多,我们就没有办法用扰动来系统地处理这个系统了。这样,我们就得到了一个求解较为困难的三体问题。或者,我们忘掉比邻星,只考虑南门二A和南门二B的双星系统。除了这两颗恒星,再加上一颗行星(要讨论外星人,总要有一颗行星吧),这颗行星与南门二A和南门二B的距离都差不多[11]。这样,我们就得到了另一个求解困难的三体问题[12]。

讲到这里,你可能会有疑问:《三体》中的三体是三体吗?这个问题很好。《三体》小说中的三颗恒星加一颗行星的问题实际上已经超越了三体问题,是一个"四体"问题,比三体问题的求解更困难。不过我们还是先回到三体问题的讨论上来。

其实,在宇宙中很难长久存在这样"困难三体问题"的系统。这是因为,系统长时间运行的过程中,会出现其中一个天体被另两个天体"踢"出去、直至跑到无穷远的现象,也就是脱离三体系统的现象。这就是宇宙中双星系统最多,单星系统

---

11 考虑到南门二A和南门二B之间距离几十个日地距离,以及这两颗恒星的亮度与太阳的亮度差不多,如果行星穿梭于这两颗恒星之间,则处于宜居带内的时间会很少,所以也很难出现类似人类的生命形式。

12 尽管求解三体问题较为困难,但是《三体》小说中对三体问题的描述还是有点夸张了。其实,计算机还是可以预测三体运动短期的轨道,之后随时随观测修正即可。另外,《三体》中描写了恒星对行星的强烈的引力效应(甚至可以让行星上的物体漂浮起来)。如果恒星的引力真的这么强,恒星升起前,可以通过引力反常推断恒星的位置,以早做准备。

次多，三星系统最少的原因，也就是现存的三星系统大都是像南门二一样，其中一个星离另两个星较远的原因。在一般多体问题中，潘勒维[13]最初提出了天体会被踢出去的猜想。这个猜想在数学界游荡了近100年后，被美国西北大学终身教授、南方科技大学数学系的创建者、系主任夏志宏教授最终证明。

现在我们还是回到复杂的三体问题上，并假设天体还没来得及被踢出去。为什么说求解三体问题很难呢？它到底有多难？什么叫"三体问题不可解"？三体问题与太阳系有关吗？与人类有关吗？

太阳系稳定吗？

在担心南门二的稳定性之前，我们不妨先问一问，太阳系稳定不稳定呢？如果有人嘲笑邻居家的房子要塌了，结果先塌的是自己家的房子，那就很尴尬了。

从亚里士多德到牛顿

多数古人并不担心太阳系的稳定性，他们将这种担心看作"杞人忧天"。比如亚里士多德认为，天上的比月亮还远的地方遵循永恒的规律，和地上的规律不一样。天体不会碰撞、不会掉落，也不会跑丢。太阳系（当时人们还认为是地球系）的稳定性是"天授"的。

但是，科学革命终结了亚里士多德的时代。牛顿把天体的运动和苹果落地统一到以牛顿三定律和万有引力定律为核心的牛顿力学框架当中。既然牛顿的万有引力定律可以计算天体的运行轨迹，牛顿就要为太阳系的稳定性操心：按照牛顿力学，太阳系是稳定的吗？

---

13 潘勒维成为数学家后，转而从政，两度担任法国总理。但他没有成为法国总统，因为在竞选中败给了数学家庞加莱的堂弟。

你学过牛顿力学之后，或许得到了一个印象：太阳系当然是稳定的。你可能会说："根据牛顿力学，行星绕着太阳转时的轨道是椭圆轨道，椭圆轨道是稳定的，永远按周期运行。"

但是，当你这样想的时候，你只考虑了太阳对地球的引力，你有没有考虑月球对地球的引力呢？你有没有考虑木星对地球的引力呢？当你把太阳系中所有天体对地球的引力都考虑进去之后，太阳系还稳定吗？

牛顿思考过这个问题。无论和古代人的观点相比，还是和现代人的观点相比，他对太阳系稳定性的观点都可以说很特别。当时，包括牛顿在内的所有人类刚刚感受到科学的力量，而对科学的力量还有所犹疑。牛顿认为，如果太阳系存在变得不稳的时候，上帝会来帮忙再推一下，让天体重新有序起来。牛顿的"一生之敌"莱布尼茨讽刺地说："牛顿的上帝缺乏远见。"

从牛顿到拉普拉斯

牛顿的观点是过渡性的。牛顿之后，随着人类对科学定律的运用不断成熟，信心不断增强，我们相信牛顿力学，终于胜过了相信"太阳系稳定"这种先入为主的观念。这种信心的代表，就是拉普拉斯的决定论[14]。拉普拉斯说：

"我们可以把宇宙现在的状态视为其过去的果以及未来的因。假若一位智者会知道在某一时刻所有促使自然运动的力和所有组构自然的物体的位置，假若他也能够对这些数据进行分析，则在宇宙里，从最大的物体到最小的粒子，它们的运动都包含在一条简单公式里。对于这位智者来说，没有任何事物会是含糊的，并且未来

---

14 决定论的出现，为哲学和自然科学带来了一个重大问题。决定论导致人们对"自由意志"的问题感到迷惑。如果未来像过去一般是决定的，那么，人还有没有自己做选择的能力？我们每个人都感觉到我们是自主的，我们拥有自由意志。这是真实还是幻觉？现代科学对自由意志的存在与否，仍然有很多辩论，尚未统一。本书对自由意志讨论较少，《三体》中的物理学》一书中对自由意志有大量讨论。

只会像过去般出现在他眼前。"

　　所以，把太阳系的命运交给牛顿力学去决定吧。如果按照牛顿力学计算的结果，太阳系变得不稳定了呢？如果计算结果显示行星要掉入太阳，或者行星要碰撞，或者行星要脱离太阳系了呢？Let it go（随它去吧），太阳系的稳定性已经不再是天授的，而是在牛顿力学的掌控之下。按照牛顿力学，n 个天体的运行无非是个方程组：

$$F_{ij}=\frac{Gm_im_j}{|r_i-r_j|^3}(r_i-r_j),\ \sum_{j\neq i}F_{ij}=m_ia_i,\ a_i=\frac{\mathrm{d}^2r_j}{\mathrm{d}t^2}$$

　　其中，i,j 代表某个天体，可以取从 1 到 n 的值，字母 F，a 代表矢量，$\mathrm{d}^2\cdot/\mathrm{d}t^2$ 表示二阶微分。像这样含有微分运算的方程组叫作微分方程组。如果学过牛顿力学，你应该能认出它们。如果不熟悉这个方程组也没关系，看看这个方程组的样子，对它"看起来很简单"有个直观感觉就够了。

　　我们的下一个问题是：方程很简单，是不是意味着方程的解很简单呢？这和我们考虑多少个天体的运动有关。如果我们只考虑一个天体，那么上面的方程组回到牛顿第一定律，这个天体静止或匀速直线运动。两个天体的情况需要一点微积分，但也可以简单算出：这两个天体都绕两个天体的质心做椭圆运动。这就是稍稍推广了的开普勒定律。那么，如果我们考虑三个或更多天体呢？方程组依旧简单，但是这些方程变得难解了。稍后，我们会看到解这些方程组将变得多难。

　　当然，原则上，我们不仅要考虑牛顿力学，还要考虑广义相对论和量子力学。特别是量子力学，它的贡献虽然极其微小，但是会把一个原则上确定的问题，变成一个不确定的、只能得到概率性答案的问题。但是，单单考虑牛顿力学，多体问题的计算已经极其困难了。本章中，我们只讨论牛顿力学中的多体，特别是三体问题。

　　现在，我们先简短地回答一下本节标题的问题：太阳系稳定吗？这个问题计算起来十分困难，直到现在还没有完全解决。目前，我们只知道太阳系在 10 亿年的时间尺度上大体稳定。在以后更长的时间里，水星有落入太阳或者与金星相撞的风险。

三体问题

简化：平面限制性三体问题

如果你遇到一个短时间解决不了的难题，你会怎么做呢？

科学家通常的做法是：先考虑这个难题相对最简单的特殊情况。"相对最简单"的意思是：这种特殊情况不能太简单，以至于和这个难题的本质毫无关系（比如上一小节提到，多体问题里面，研究一体和两体问题就太简单了）；在"不要太简单"的情况下，研究最简单的情况。

像太阳系稳定性这种多体问题，它相对最简单的情况是什么呢？我们可以研究"三体问题"，因为三比"更多"简单一些。除此之外，我们还可以如何简化这个问题呢？

我们可以假设：三个物体中，一个物体的质量远远小于另外两个物体。这样我们就可以先计算两个较重物体的运动——上文提到过，它们围绕它们的质心做椭圆运动。在知道这两个比较重的物体的运动轨迹之后，我们再研究那个比较轻的物体受到这两个比较重物体的引力后如何运动。这就是"限制性三体问题"。前面我们提到的南门二A、南门二B两颗恒星再加上一颗很轻的行星的运动，就是限制性三体问题。

我们还可以进一步简化这个问题，在限制性三体问题中，让三个物体都在同一个平面内运动。这就是平面限制性三体问题。

台球：平面限制性三体问题有多难？

你可能认为在经过上述简化之后，三体问题已经变得很简单了。但实际上，即使在这么强的简化条件下，三体问题仍然很难。这个平面限制性三体问题有多难呢？在《三体》中，丁仪用台球来解释物理定律。在打台球的时候，你会注意到三体问题比两体问题难很多[15]。假如你需要用白球碰撞灰球，再用灰球碰撞黑球，那么这比直接用白球碰撞黑球复杂多了。特别是在灰球和黑球离得特别近的情况下，如果它俩的位置稍稍改变一点，最后碰撞的结果差别会非常大。举个最简单的例子：假如白球、灰球和黑球在同一条直线上，灰球和黑球离得很近。这时，交换灰球和黑球的位置。虽然灰球和黑球的位置都只改变了一点，但是碰撞的结果发生了很大的改变，改变之前是灰球静止、黑球飞出去，改变之后是黑球静止、灰球飞出去。这种"差之毫厘，谬以千里"的结果，说明三个台球的情况比两个台球的情况复杂得多。

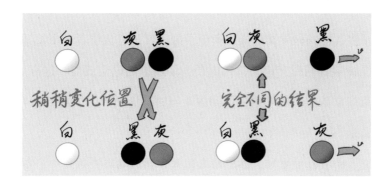

奥斯卡国王奖

为了更仔细地解释三体问题有多难，让我们回到1887年，两年后，瑞典和挪威的国王奥斯卡二世就要过60岁生日了，准备庆祝一番。一个国王的生日和一个科学问题有什么关系呢？奥斯卡二世可不是一般的国王。做国王前，他在大学里学的是数学专业[16]。做国王之后，他也大力支持科学特别是数学的发展。所以，在数学家们的倡导下，他决定设立一个数学奖，来庆祝自己的60岁生日。

---

15 台球和天体的三体问题的区别在于：台球是接触相互作用，而天体之间的引力是个长程力。长程力会比接触相互作用更复杂。不过尽管如此，我们也能从台球的碰撞中窥见三体问题的困难所在。

16 另外，奥斯卡二世也曾匿名发表诗歌并获奖，其对音乐也颇有造诣。

据说数学家米塔格－列夫勒向奥斯卡二世提出设立数学奖的建议时，是建议每4年颁发一次。最终，奥斯卡二世答应的方案是一个一次性的奖项，没有同意每4年颁发一次的建议。看到这里，你或许会联想到数学界的最高奖——1936年设立的、自1950年开始每4年颁发一次的菲尔兹奖。假如奥斯卡二世知道菲尔兹奖在今天的盛名，会不会为自己没有同意每4年颁发一次而后悔呢？后来得知诺贝尔奖不包括数学，1902年，奥斯卡二世曾经同意资助一个多次颁发的数学奖，但是由于随后的政治变动，挪威－瑞典联盟解体，这个奖项也就没有了下文。如果当年奥斯卡二世早点下决心，或许世界上最好的数学家就可以拿奥斯卡奖了[17]。

与当时很多其他的科学奖一样，奥斯卡国王奖没有让学者自由发挥，而是选择了几个题目，让学者们提交论文，再由评委评出谁的论文获奖。这有点儿像悬赏，让这些数学家缉拿数学中的"逃犯"问题。当时，奥斯卡国王奖给出4个题目，其中的一个题目是[18]：

具有任意多个质点的系统，其中两点间的作用力满足牛顿定律，在任意两个质点不发生碰撞的条件下，试给出每个点的坐标以时间的某个已知函数作为变量的级数表示，并且对于所有的取值，该级数是一致收敛的。

---

17 如果当时这个奖项设立的话，更可能会被叫作阿贝尔奖，以纪念挪威数学家阿贝尔的百年诞辰。100年后的2001年，阿贝尔200年诞辰之际，挪威自然科学与文学院设立了阿贝尔奖，每年颁发一次，自2003年起开始颁奖，奖金也与诺贝尔奖接近。但是直到现在，人们仍认为菲尔兹奖才是"数学界的诺贝尔奖"。

18 原刊于《数学学报》1885—1886第七卷。论文的提交期限为1888年6月1日。这里我们引用的是科普书《天遇》（*Celestial Encounters*）中的译文。多数介绍非线性科学和混沌问题的科普读物都是从天气预报、迭代、单摆、分形结构等方面写起，从这些方面起笔，往往更容易让读者接受，而限于读物的深度和篇幅，"三体问题"就被一笔带过了。但是，对于《三体》爱好者而言，这种写法的科普看起来可能"不过瘾"。因此大家可能会喜欢弗洛林·迪亚库和菲利普·霍尔姆斯的科普书《天遇》。虽然这本书中的一些科学内容作为一本科普书来讲难度较大，需要有理工科大学生的水平才能读下去，但这本书从天体运行出发来介绍非线性和混沌的写法，或许是《三体》爱好者更喜欢的。

如果你没学过微积分，这段话看起来会有难度。简单来说，上面这段话就是悬赏"求解三体问题"[19]。但我还是整段引用了原文，这是因为在《三体》中，第192号文明证明了"三体问题不可解"[20]，这是《三体》整个故事的基石。一个微分方程"不可解"到底是什么含义呢？在数学里有一大串概念与可解性相关：没有算术解、没有多项式解、没有代数解、没有闭式解、没有解析解、没有数学表达式解。"不可解"指的是这其中的哪个，还是解根本就不存在？[21] 为此我特地请教了一位研究微分方程颇有建树的数学家朋友，他也不清楚"不可解"在微分方程里到底指其中哪一个概念，因为现代微分方程理论已经不再提这个词了。所以，我们引述1885年悬赏解题的原文，这里用数学的语言问三体问题是否可解，基本对应现代数学里问三体问题有没有"解析解"。我们要研究一个问题，首先是要搞清楚这个问题的精确定义是什么。[22]

---

19 当然这里是任意多体问题，但是，我们前面说过，解决其中的三体问题已经足够难。

20 《三体》中，魏成对于"不可解"的理解好像和别的专家不同。看上去，魏成好像并没有专注于找解析解，而是用进化算法在寻找相对精确的数值解。这与"三体问题没有解析解"是不矛盾的。

21 至少，这里的三体问题的"不可解"并不是质疑三体问题解的存在性。就像在地球三体组织聚会上，三个球体在金属基座上空混乱翻飞一样，解是存在的，它"就在那儿"。当然，数学家还会更仔细地考查解的存在性。不过对三体问题，有问题的不是解的存在性。解是存在的，问题是我们如何把它写出来，写成由已知函数加起来的形式？你可能对"存在但不可描述"感觉有点难以想象。为了解释这一点，我们可以用实数理论做类比。实数里面，大多数数字都是"不可描述的"，你用任何有限长的文字都不能把这些数字定义出来，但是它们存在并且占实数的绝大部分。用数学的语言，它们叫"不可定义数"。这是因为：用有限长文字描述出来的数字，必定少于所有有限长文字的排列组合，而所有有限长文字的排列组合是可以一一列举出来的，但实数不能一一列举出来。

22 在和网友交流的过程中，我发现很多朋友花了很大力气去思考和调研科学问题，但在第一步概念理解上就出了问题，导致所有的力气都白费了。这也是我在这几段话中与大家探讨三体问题可解性概念的原因。

三体问题的特解

在奥斯卡国王奖的题目里,请注意"在任意……条件下"这个附加条件。在数学上,这意味着:我们需要找到系统的通解(任意条件下的所有解),而不是特解(一些特殊情况)。事实上,对于三体问题,人类已经找到了很多很多的特解。大家可能还记得《三体》中程心与云天明会面的地点——地球与太阳的拉格朗日点。拉格朗日点就是平面限制性三体问题的特解:把一个足够轻的物体放在两个重物体所决定的拉格朗日点上,在这种特殊情况下,3个物体满足三体问题的方程。下图中展示了太阳-地球系统中的5个拉格朗日点。这些拉格朗日点不仅为科幻小说提供情节,更为科学实验的仪器提供可预测的稳定性。例如,哈勃望远镜的继任者、人类最强大的空间望远镜詹姆斯·韦布空间望远镜,就被放置在太阳-地球的第二拉格朗日点上。

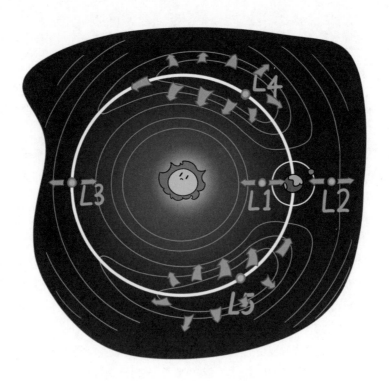

除了拉格朗日点,人们也找到了三体问题很多其他的特解。为三体问题找特殊

解的努力，从欧拉和拉格朗日的时代就开始了，当时找到的解数量十分有限。近年来，天文学家、物理学家和数学家对三体问题有了更多的了解。2017—2018年，李晓明、景益鹏、廖世俊为三体问题找到了数千个特解。下图是他们找到的一些解，3个天体分别沿着黑线、蓝线和红线运动。

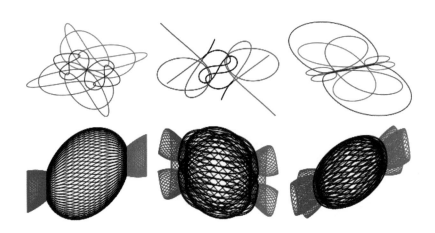

不过，特解毕竟是特解，并不能对任意初始条件的三体问题做出预测。所以，就算存在再多特解，我们也不能说三体问题是"可解的"。我们仍然想要知道三体问题是否有通解以及它的通解具有什么性质。

震惊魏成和庞加莱的变化

大数学家庞加莱

"你不知道庞加莱吗？"汪淼打断魏成，问。

让我们回到100多年前，奥斯卡国王奖设立的时候。奥斯卡国王奖设立的消息传到了法国大数学家庞加莱的耳朵里。有人说庞加莱是最后一个"广博的数学家"，这是因为从庞加莱的时代开始，数学体系逐渐变得十分庞大，一个人已经渐渐无法掌握整个数学体系了，但无论是在数论、拓扑、几何、微分方程领域，还是在数学物理以及狭义相对论[23]领域,庞加莱都做出了开创性的贡献[24]。这样的广博程度,我们可以在更早的大数学家高斯、欧拉身上看到,但庞加莱之后,就几乎没有这样的例子了。

庞加莱想到自己恰好可以借这个机会重新拾起他多年前研究过又中断了的微分方程和天体力学问题。所以,他决定参加这个论文竞赛。

定性与定量

在此之前,庞加莱研究过什么数学问题,让他相信自己可以在奥斯卡国王奖的竞赛中有所斩获呢?1882年,庞加莱开创了一个新的数学分支——微分方程的定性理论。

定性和定量是科学发展中的一对冤家。科学家在注重其中一个的时候,往往会忽视另一个的重要性。现代科学诞生的一个重要标志就是从定性走向定量。在现代科学诞生前,很多现象是人们用语言来自圆其说,人们把现象解释得"差不多"就够了。而以牛顿力学为代表的现代科学,让我们第一次可以精确地计算天体的运动,而如果天文观测与计算不符,哪怕只相差一点点,也必须严肃对待。海王星的发现就是一个很好的例子,天文学家发现天王星的轨道与牛顿力学的计算稍有偏离。他们随即大胆地假设:有一颗行星影响了天王星的轨道。他们计算出这颗新行星在某一个时刻将会出现在天上一个特定位置,只要用望远镜对准这个位置就能找到这颗新行星。天文学家按照理论计算去寻找,果然发现了海王星,因此人们把海王星称为"在笔尖上发现的行星"。这就是定量科学的魅力。

---

23 在洛伦兹工作的基础上,庞加莱已经完成了狭义相对论的数学结构,距离狭义相对论的发现只有一步之遥。但是,庞加莱还是没能抛弃"以太"这个概念,没有意识到他的数学结构真正的物理意义。爱因斯坦第一个意识到数学结构背后的含义,所以一般认为是爱因斯坦创立了狭义相对论。

24 不过庞加莱也不是样样都行,他在绘画、音乐和体育方面都不太擅长。

定量科学不仅让我们发现了一颗行星，而且还彻底地改变了人类社会，让人类能够改进蒸汽机，带给人类电力和信息技术。如果没有定量科学，就没有这一切。

但是，定量科学又不能带给我们所有的一切。在庞加莱的时代，数学家们争先恐后地解出一个又一个的微分方程，把这些微分方程征服，收归到定量科学的范畴。但是，庞加莱敏锐地认识到这些数学家的努力只是微分方程海洋中的一小部分孤岛。还有更多的方程，尽管解仍然可以存在，但是没法用这种定量的方法解出来。我们怎么对待这些没有解析解的方程呢？是和这些方程死磕一生之后或许一无所获？还是放任这些方程逃出科学的疆域，任由他们在必然王国中兴风作浪？

微分方程的定性分析

以上两条路都让人失望。庞加莱选择了第三条路：我们即使没法解出一个微分方程，仍然可以定性地分析方程解的性质。如果一个物理系统用这样的方程来描述，我们虽然不能定量计算出这个系统中每个成员在每个时刻的位置，但是我们仍然可以定性地了解系统的很多性质。例如：系统是沿着周期轨道运行，还是没有周期甚至不存在规律的轨道？系统是否稳定？系统是否会经历某些"奇点"，在"奇点"处某些成分的速度会变成接近无穷大，或者彼此碰撞？

这就是庞加莱创立的"微分方程定性理论"。当然，这里的定性绝不是回到现代科学诞生前那种模糊的语言，而是建立在严格数学基础上的严格科学。现代科学来之不易，我们一定要注意，不能看到"定性"就认为是回到现代科学诞生前的老路。

庞加莱"定性"理论的突破口叫作平衡点（equilibrium point，也翻译成驻点、静止点）。在三体问题的例子里，上面提到的"拉格朗日点"就是平衡点[25]。当然，

---

25 在物理空间里，"平衡点"是不动的吗？到底动还是不动取决于我们取什么样的坐标系。拉格朗日点"不动"的坐标系是太阳和地球都保持静止的坐标系，这个坐标系不是我们通常熟悉的惯性系，而是一个旋转的坐标系。

平衡点的概念不只在天体力学里面才有。在流体力学中，你看到一片叶子在激流中打转而没被冲走，那么这片叶子就位于一个平衡点。比如《三体》中默斯肯岛大漩涡的中心，也是流体力学中的一个平衡点。

尽管这里我们用大漩涡的例子"形象"地说明平衡点，但是需要澄清一点，微分方程的"平衡点"是在"相空间"中定义的，也就是我们把每个物体的位置和动量看成独立的坐标，这些坐标和物体所组成的空间叫作相空间。例如，三个天体在三维空间中运动，则相空间是三个天体 × 三维空间 × 位置和动量 =18维的。[26] "相空间"这个词充满禅意，但其实它的英文 phase space 只是一个历史遗留用法，十分枯燥，根本没有禅意。

庞加莱发现，微分方程的平衡点可以分成几类，包括以下6种。[27]

- 螺旋状汇：像默斯肯岛大漩涡一样，把物体绕着圈"吸"向中心。
- 螺旋状源：是与大漩涡相反的过程，从中心把物体绕着圈发射出来。
- 稳定点：是螺旋状汇和螺旋状源的分界情况，物体只绕圈。
- 汇：物体不绕圈，直接掉向中心。
- 源：物体不绕圈，直接从中心发射出来。
- 鞍点：物体沿一个方向像遇到源一样往里跑，沿另一个方向像遇到汇一样往外跑。

让庞加莱震惊的变化

庞加莱发现，平衡点会让微分方程的定性性质发生变化。所以，研究微分方程的定性性质，需要研究平衡点附近的物体运动。和研究微分方程的解的全部定量性

---

26 得到18维的相空间之后，还可以通过守恒量去掉一些维数，构成"子流形"。

27 有一些边界特殊情况没有在这里列出，包括螺旋状和非螺旋状源的分界、源和鞍点的分界、螺旋状和非螺旋状汇的分界、汇和鞍点的分界，以及均匀流动。

质相比，研究平衡点周围的性质已经是数学上的巨大简化了。但是这还不够，庞加莱又做了进一步简化：在相空间里取一个"截面"，就如同处理三维立体物体运动太复杂，我们把问题简化为处理相机底片上拍下的二维视频影像一样。这样一个"截面"（好比二维视频影像）进一步简化了问题，并保留了原始问题（好比三维立体物体运动）的大量信息。

不过，庞加莱发现，尽管问题被一次又一次简化，求解三体问题仍然困难得令人沮丧。在稳定点附近的相空间截面上，三体问题的轨道依然狂暴地跳跃，仿佛被智子扰乱的粒子对撞结果，完全无法预测。庞加莱感叹道：

这无法画出的图像的复杂性[28]，让我震惊！

《三体》中研究三体问题的科学家叫魏成。魏成这个名字就像"未成"，不知是不是刘慈欣通过谐音来暗示三体问题研究没有成功呢？魏成去一个寺院里隐居，当晚睡不着，就在自己的思维中创造了一个空间；只创造一个空间过于空洞乏味，就又在空间里创造了一个球；一个球过于简单，就在空间里又创造了一个球，彼此因为引力，按椭圆轨道互相绕转；两个球过于单调，于是最后，魏成说：

"我又引入了第三个球体，情况发生了令我震惊的变化。"

这份震惊，原本是属于庞加莱的。

繁星不可逾越

庞加莱把他的发现写成论文，提交给奥斯卡国王奖的评审委员会。为了确保奥斯卡国王奖的评审公平，所有论文都要求匿名提交，用一段题记来事后确认获奖者的身份。为了把论文中难以描述的复杂性转化成情感，庞加莱选择的题记是：

---

28 关于"无法画出的图像的复杂性"，或许，图像本身的复杂是一方面，另一方面庞加莱的作图技巧也不高。他参加大学入学考试时，几何作图这一项得了零分。因为他在其他方面极其优异的表现，才被破格录取。

Nunquam praescriptos transibunt sidera fines（繁星不可逾越）

奥斯卡国王奖的论文提交截止日期是1888年6月1日。庞加莱在5月提交了论文。尽管这篇论文并没有解决三体问题，反而体现了三体问题"不可解"的性质，但是这个发现无疑是划时代的。因此在1889年1月，他如愿获得了奥斯卡国王奖。

不过，1889年年底，庞加莱懊恼地发现，他的论文里有个错误。改正了错误后，庞加莱的论文从158页变成了270页。庞加莱自费支付了论文重新印刷的费用。这使他赔进去了奥斯卡国王奖的全部奖金，还倒贴了几个月的工资。

顺便提一句，庞加莱在构建他的天体力学过程中，发现了一个对宇宙命运意义深远的定理：庞加莱回归定理。庞加莱回归定理是指：从相空间的一个点附近出发，也就是说，从和一个物理状态相似的一小块区域出发，经过足够长的时间（这个足够长的时间叫作庞加莱复现时间），系统总会演化回这一小块区域来。这是因为，相空间的体积元是守恒的，所以经过足够长时间，相空间体积元划出的轨迹总会与自己相交。庞加莱复现时间就好比在一个固定大小的画框里，用一支固定粗细的笔作画[29]（如下页图所示），当线条足够长之后，线条总会和自己相交一样。

如果系统对应的微分方程的解是唯一的，那么，最早的交点应该就是出发点。这正如泰戈尔的诗歌中说：

旅行者要在每一扇陌生的门上叩问，才能找到自己的家。

当我们把宇宙万物全部考虑进来，考虑这样一个巨大的"相空间"的时候，仍然可以应用庞加莱回归定理，推断宇宙先是随着熵增趋于热寂，而在庞加莱复现时间，也就是10的10的10的120次方年之后，随机的扰动可能会让我们的宇宙重新

---

[29] "画笔固定粗细"是因为相空间体积元守恒。但是，相空间的体积元可以从简单的形状演化为极其复杂的形状，这一点在这个比喻中没有体现出来。

焕发生机。

可以说，为了解决三体问题，庞加莱参透了宇宙的命运，但是，他还是没有解决三体问题。[30]

混沌与非线性科学

混沌的浮沉

虽然庞加莱的工作在天体力学领域产生了巨大的影响，三体问题的复杂性给数学家留下了深刻的印象，这也是《三体》里面"三体问题不可解"的由来。但是在更广泛的科学领域内，庞加莱的论文并没有引起广泛的关注。关于数学以外专业的科研人员读数学专业的论文的情形，杨振宁先生曾调侃："数学论文分两种，一种

---

30 这句话可能让你感到迷惑：难道三体问题不是宇宙命运的一部分吗？但是，要了解宇宙的命运，我们只要知道宇宙中物质运动的大体规律（统计规律）就行了。而想要解决三体问题，人们需要预测物体未来的精确位置。两者要求不同。所以虽然宇宙命运问题更复杂，反而比三体问题更容易解决。

是读了一页就读不下去的,另一种是读了一段就读不下去的。"庞加莱的论文足足有270页。

于是,存在于庞加莱脑海中、那令人"震惊"的复杂变化,并没有广为世人所知。甚至除了少数数学家,其他人都遗忘了这篇论文。这一忘就是70年。70年后,随着电子计算机辅助科研,这些复杂的变化才终于从庞加莱的脑海中,转变成了数字的图像,让全世界都"震惊"了。

洛伦茨的谜题

1961年,气象学家洛伦茨在研究天气预报的数学模型时遇到了一个麻烦。他用简单的微分方程为天气预报建立模型,再放到计算机上去模拟。洛伦茨先是一次性完成全部计算,比如一次计算了两天的天气预报。之后,他用另一种方法检验,先计算第一天的天气预报,把结果打印出来,再把第一天的结果输入计算机计算第二天的天气预报。他发现这两种方法计算出的结果完全不一样!

这里,我实在想感叹一下:不同的科研人员对待科研的态度差别太大了!面对两种计算方法的区别,如果你是洛伦茨,你会怎么做呢?

向深层追问

你可能说:我一次计算的结果肯定更可信,并且我也反复验证过,只要我一次性把两天的天气预报全算出来,得到的结果也是可重复的。既然结果可重复,我就可以写论文发表这个结果了。至于另一种方法?我可没工夫费心。我在忙着写论文呢,写完论文还要申请经费。

如果你这样想,我可要劝你一句了:我在自己的科研中就遇到过很多这样的情况,一个问题用一种做法得到一个结果,另一种做法得到另一个结果,这暗示着中间藏着一个错误。科研人员如果在没找到错误之前就忙着写论文发表,论文发表后再被别人挑出错，名誉可就被钉在了耻辱柱上。[31] 所以，千万不要这样做研究。

如果你仔细研究了两种方法，发现了其中细微的差别：如果直接算两天的天气预报，数值运算的精度一直是程序内部存储的精度（洛伦茨当时用的计算机具有六位有效数字）。但是，如果用第二种方法，在计算第一天的天气预报后打印结果的时候，打印的精度只有三位有效数字，低于程序内部存储的精度，精度丢失了，所以把这三位有效数字输入计算机再进行计算，就得到了不同的结果。你现在发现了问题出在哪里，是不是就可以忘掉打印的低精度结果，放心发表一连算两天的结果了呢？

很多科研人员可能只能做到这一层了，但这其实还不够。这里面还蕴含着更微妙的错误，一个伟大的发现还没有被挖掘出来。想要察觉到这个藏得很深的错误和其中暗藏的伟大发现，不仅需要细心，还需要深刻的洞察力，这是可遇而不可求的。但是，如果连其中的细心也没有，不再好奇、不再追问下去，那就只能犯错[32]，并且和重大发现失之交臂了。

---

31 科研人员可能犯不同种类的错误，我们对这些错误的容忍程度是不同的。抄袭或实验不可重复等是低级的错误，最不可容忍。洛伦茨的实验（计算机模拟）可以重复，但是里面蕴含一些危险。如果你在这种情形下匆匆发表结果并因此出错，大家对你的印象就是"会犯不严谨错误的研究人员"。也就是说，大家对你的印象视犯错的浅显程度而定。上文提到的庞加莱的论文也犯了错误并且收回重印，其实寻常的研究人员想达到能犯他这种错误的高度都很难，所以他的错误并没有影响他的声誉。科研人员有时犯错是因为我们还没有看到大自然的"底牌"。比如爱因斯坦反对量子力学，也算是犯错。他因此与玻尔进行了举世瞩目的辩论。虽然大自然最后站在了玻尔一方，但是爱因斯坦以他的批评极大推动了量子力学的发展。可以说，他犯的是个伟大的错误。最后，如果你确切地意识到犯了个错误，怎么办呢？最好的办法是尽早面对它、承认它。尽早的意思是：自己找到错误比等到合作者找到要好；合作者找到比等到审稿人找到要好；审稿人找到比等到同行找到要好；同行找到比等到公众找到要好。

32 在上一个注释当中，我们列出了不同种类的错误。如果我们没有追问得足够深，所犯的错误一般是可以被同行容忍的。我们写出的论文不会被认为损害我们的名誉。但是，当后人发现这个错误后，这篇论文就不再有价值了，会被扔到历史的垃圾堆里。当然，我们也要对错误有个平衡的看法，不能因害怕犯错而裹足不前。

你可能想问：我都已经把错误排除了，怎么又错了呢？重大的科学发现藏在细节里。你可以追问下去：三位有效数字已经够多了，按说保留了三位有效数字继续计算，第二天的天气预报也应该能精确到千分之一才对啊，或者即使差一点，至少能精确到百分之一吧，怎么可能完全不同，和一次性算两天的结果根本毫无相似之处呢？如果你问出了这个问题，那么，你的认识就又深了一层。你可能意识到以下两件事情。

第一，你手头的工作是没有意义的。如果误差可以如此被放大，三位有效数字不够，六位有效数字可能也不够。所以，计算结果不可信，就算写成论文，这篇论文未来也不会有什么用处。

当你想到这里的时候，可能会很沮丧。这是因为你还没有想到更深的一层。你还可以进一步想到以下这个问题。

第二，这里误差被放大的模式是什么？用进一步的数值实验，甚至可以做一些手动的解析分析，你不难发现：误差是呈指数放大的！指数函数是增长极快的函数。大家可能听过在国际象棋棋盘里放麦子的故事，第1格放1粒，第2格放2粒，第3格放4粒，第4格放8粒……第64格要放多少粒麦子呢？要放9 223 372 036 854 775 808粒。这就是指数增长的威力。

你可以进一步去寻找误差呈指数放大的根源，你会发现你用的方程虽然是决定性的、给定输入就会有确定的输出，但是方程的非线性性质导致了误差的指数放大。因此我们最多只能做短期的天气预报，如果想做长期的天气预报，任何输入数据的微小误差，都会对长远未来的天气预报有天翻地覆的影响。而受观测精度的限制，输入数据的误差是不可避免的。如果用一个形象的比喻，一只蝴蝶在南半球扇动翅膀，可能会引起北半球的一场龙卷风，这就是著名的"蝴蝶效应"。也就是说，非线性系统在超过一定区间后会陷入无法预测的混沌。

现在，你在经历"论文没意义"的沮丧之后得到了一个大发现！一个科研人员能体验到的激动人心的时刻莫过于此。但是，想到这里还不够，你还可以想得更深一点[33]。这种非线性与混沌现象，不只和天气预报这一个领域有关，而是自然界中广泛存在的现象。你的思维一下子变得发散了起来，联想到了三体问题，联想到了人口出生率，意识到了原来这个世界上能解析解决的问题是极少数，而绝大多数的问题都在混沌的笼罩之下！对混沌的好奇甚至恐惧，就像混沌现象本身一样呈指数增长，就像一道电流，从天气预报瞬间传到人类科学的各个领域。你发现的不仅是天气预报领域中的一种新现象，而是整个一门新学科，联系数学、物理学，甚至生物学、经济学、社会学……甚至很少有学科可以不被涉及的一门巨大的交叉学科——非线性科学。[34]

洛伦茨做到了这一切。从此，在庞加莱发现混沌的70年后，混沌的威力被彻底释放了出来，被世界所认识。人类从此意识到之前对自然界的理解是多么苍白无力，甚至幼稚可笑。三体问题也好，天气预报也罢，我们找到几个特殊的解析解，就假想所有的解都像这些解析解一样温良恭俭、服服帖帖。可是没有料到，我们之前不会解的那部分蕴藏着混沌，蕴藏着巨大的混乱与无序，而这混乱与无序中蕴藏的新规律——非线性科学，研究起来极其困难，我们现在只了解一丁点。

我们现在只讨论了经典的牛顿力学意义下的混沌，还没有提到量子力学。量子力学为物理学带来了微小却本质的不确定性。当微小的量子力学不确定性被混沌所

---

33 不知洛伦茨的父亲和洛伦茨之间有没有发生过和《三体》中章北海父子之间类似的对话："要多想。""想了以后呢？""在那以前，要多想。"

34 混沌对科幻小说家也有巨大的启发，为科幻提供了巨大的创作空间（并且，这部分空间是专业物理学家也无法解出的，虽然对错仍然存在，却难以检验，足以容下科幻作家足够多的怪诞想象）。比如被改编成电影的小说《侏罗纪公园》，行文中就充满复杂系统和混沌科学的影子。中国科幻作家郝景芳也在一次访谈中指出，她创作的宇宙折叠系列小说最初源自对混沌、自组织现象的好奇。

放大,我们就连在原则上都无法再相信一个拉普拉斯式的决定论世界的存在。当混沌的"巨兽"浮出海面,物理学注定不再风平浪静。

第二章

飞向群星

　　未来科技可能非常发达，假设有一天，科技发达到如果有个坏人想要做毁灭地球的事情，他掌握的科技就能毁灭地球，让人防不胜防。那时，人类的未来是不是变得越来越不安全了呢？当地球变成地球村后，有没有可能毁灭地球要花的力气仅仅像用现代武器毁灭一个村庄一样简单？地球的处境是否会变得越来越危险？人类怎样才能走出这种危险的境地？

　　答案是：走出地球，飞向群星。人类文明如果能走出地球，在宇宙中开枝散叶，保持人类文明扩展到的范围一直大于坏人能毁灭的范围，那么人类的未来就是安全的。

　　星际航行是科幻小说中最常见的主题。我们怎样才能飞向群星呢？本章的故事要从星际旅行的先驱者、火箭原理的奠基人、苏联科学家齐奥尔科夫斯基说起。

　　齐奥尔科夫斯基的童年非常不幸。他11岁时患猩红热，几乎完全丧失了听力。因此，他只好从学校退学，由母亲在家教他知识。但两年后，他母亲又去世了。因为听力问题，同龄的小朋友都不跟他玩。不过，他家里有很多有关科学的书籍，他就整日读书来打发时间。齐奥尔科夫斯基16岁离开家乡去莫斯科求学。由于家境不好，他父亲只能给他提供最低限度的生活费。齐奥尔科夫斯基在莫斯科的时光几乎全在图书馆和出租屋搭建的简单实验室中度过。他很快自学完了大学课程，开始了对飞机和火箭的研究。他的研究并非一帆风顺，30岁的时候，由于邻居家发生火灾并蔓延到他家，他前半生的研究手稿都付之一炬。

即便在这样艰难的生活中，齐奥尔科夫斯基依然取得了惊人的丰硕成果。他推导出了火箭运动的基本方程，提出了多级火箭的设想。现在，火箭是人类太空活动唯一的成熟载具，其理论基础就是齐奥尔科夫斯基奠定的。他还设计过飞机和飞艇，造出了苏联的第一个风洞，设想过太空电梯，甚至还想到了费米悖论[35]的雏形。另外，他也出版过一些科幻小说。齐奥尔科夫斯基的影响遍及欧洲，并随着欧洲科学家向美国的移民而遍及世界。无论是被誉为"世界航天之父"的苏联火箭专家科罗廖夫，还是为德国设计了V2火箭又为美国设计了土星5号运载火箭的冯·布劳恩，都深受齐奥尔科夫斯基的影响。

本章导读

本章的前半部分将围绕齐奥尔科夫斯基进行讨论。第一，我们将讨论太空电梯。第二，我们将讨论有没有可能实现无工质推进，讨论的起点仍然是齐奥尔科夫斯基的火箭原理，而无工质推进实现的核心就是如何超越火箭原理。第三，在本章的后半部分，我们将讨论广义相对论的世界观下对空间旅行能否超越光速的一些设想，例如：曲率驱动和虫洞能实现吗？我们能回到过去吗？

太空电梯

提到汪淼的纳米材料，你会想到什么？或许你第一反应是可以做隐形而又锋利的兵器。这是人类面对地球三体组织的一次重大胜利。但是，这是三体人惧怕汪

35　在《黑暗森林》一章，我们将详细介绍费米悖论。

森和他的纳米材料的原因吗？并不是。在《三体》中，史强和汪淼只是把纳米材料用到了三体人和地球三体组织没有想到的方向而已。三体人真正惧怕的是什么呢？《三体》中借汪淼和叶文洁的对话这样写道：

> "你们所说的……主，为什么这样害怕纳米材料呢？"汪淼问。
>
> "因为它能够使人类摆脱地球引力，大规模进入太空。"
>
> "太空电梯？"汪淼立刻想到了。
>
> "是的，那种超高强度的材料一旦能够大规模生产，建设从地表直达地球同步轨道的太空电梯就有了技术基础。对主而言，这只是一项很小的发明，但对地球人类却意义重大。地球人类可以凭借这项技术轻易地进入近地空间，在太空建立起大规模的防御体系便成为可能，所以，必须扑灭这项技术。"

怎么实现太空电梯？太空电梯和纳米材料又有什么关系呢？随着《三体》故事情节的发展，当三体人的威胁来临，地球人类在基础科学被锁死的逆境下，踏入了技术发展的生死时速。在生活于人马座阴影下的4个世纪中，技术突破被分成几个阶段。你还记得第一阶段要突破的两项技术是什么吗？一项是可控核聚变，另一项就是太空电梯。虽然作为技术背景板，《三体》中没有详细描述可控核聚变和太空电梯的技术细节[36]。但是，如何实现太空电梯，让我们可以乘坐电梯上太空呢？你可能会对可控核聚变的重要性有更直观的认识：让人类获得大量的、廉价的、清洁的能源。那么，在《三体》的世界观中，太空电梯为什么像可控核聚变一样重要呢？我们先来看一看什么是太空电梯，如何建造太空电梯，然后再回到太空电梯重要性的问题。

假如你是地球建设公司陆地部的总工程师[37]，现在你需要为人类建造太空电梯，你会怎么建造一座太空电梯呢？

---

36 亚瑟·克拉克曾在科幻小说《天堂的喷泉》中详细描述了太空电梯的技术细节。除去小说情节，书中的技术细节也可以形成一篇介绍太空电梯的科普文章。

37 克拉克《天堂的喷泉》里负责制造太空电梯的总工程师的职位。

太空电梯的路线选择

前文我们已经提到，齐奥尔科夫斯基曾提出过太空电梯的设想。但是，受到埃菲尔铁塔的影响，齐奥尔科夫斯基的设想是修一座直达太空的铁塔。你觉得这种想法可行吗？

如果修一座铁塔，那我们必须保证这座塔的底座有一定宽度，这样才不会被风刮倒或在其他扰动下变得不稳。如果我们想进入距离地面40 000千米高的地球同步轨道，按照埃菲尔铁塔2.6∶1的高宽比例，太空铁塔的底座要宽约15 000千米，也就是说用整个地球做地基也不够用。目前，世界上最纤细的大厦施坦威大厦的高宽比例是24∶1，按这个比例，太空铁塔的底座也要用到某个大国的全部面积做地基才行。无论从面积还是用料上来看，这都是无法实现的。在太空电梯的尺度上，底座的抗弯曲程度帮不上大忙。如果铁塔式的太空电梯像根筷子一样细，那么把这根筷子立在地球上，就像把一根筷子竖立在桌子上一样难以保持平衡。

这是不是说明太空电梯的幻想破灭了呢？试想，铁塔为什么需要巨大的底座？因为需要稳定。而铁塔为什么需要稳定呢？因为上面的力压下来，要底座把压力接稳了。就好比你在桌面上垒高高的一摞书，书容易倒掉一样。但是，如果压力结构不容易稳定，那么能不能把压力结构换成拉力结构呢？过年的时候，你在门口挂一串灯笼，只要线不断，你不会担心这串灯笼"倒掉"。拉力结构比压力结构稳定。

所以，如果我们不是造一座塔，而是从天上垂下一条绳子，让电梯沿着绳子爬上去，是不是就能实现太空电梯了呢？这个想法是俄罗斯工程师尤里·阿尔楚塔诺夫提出的。这样一来，我们就不用那么担心太空电梯的稳定性问题了。

太空电梯的科学问题

你可能会想：用绳子挂东西时，要把绳子的最高点固定在一个地方才行，就像在门口挂一串灯笼，要先把绳子最高点挂到门楣或房檐上。那么，在建太空电梯的问题上，是不是还要造一座塔，然后把绳子挂到塔尖上呢？如果要造塔，那问题不是又变成之前讨论过的问题吗？如果不去造塔呢？有没有别的办法让绳子从太空垂下来呢？

如果会跳绳，你可能已经想到了一个答案。跳绳的时候，把绳子甩起来，绳子就会绷得紧紧的。在绳子自己的参照系里，当一段绳子做往复圆周运动的时候，就好像有个力在拉着绳子，这个力叫"离心力"[38]。既然我们没地方悬挂绳子，能不能把绳子甩起来，让离心力把绳子拉直呢？这样，我们就能让电梯沿着绳子上升。

怎么把绳子甩起来呢？把绳子绑到飞驰的火车上？其实没必要。把绳子固定在地面上就行了。"坐地日行八万里"，地球是会自转的。我们可以通过地球的自转把绳子甩起来。

你可能有疑惑：谁见过通过地球自转被甩起来的绳子？我拿着一条绳子，跟着地球自转，绳子为什么只是掉下来，没有被甩起来呢？那是因为你的绳子不够长。大家可以想一下地球同步卫星。卫星为什么可以像固定在赤道上空一样，和地球一起转，而不会因为地球的引力而掉下来？就是因为卫星被"甩"起来了。在卫星自己的参照系里，是离心力拉着卫星，与地球引力平衡。

所以，如果有一段极长的绳子，从地面出发，越过地球同步卫星轨道，再延伸向足够远处，让绳子的长度刚好可以因为离心力而拉直，但是又不至于离心力太大而飞出地球。这样，我们就造好了一条通向太空的绳子。这就是现代太空电梯的原理。

---

38 你知道离心力和向心加速度之间的关系吗？对于一个做匀速圆周运动的物体，我们可以用两种观点研究物体的运动：第一种是在惯性参照系中，物体具有向心加速度，需要合外力提供向心加速度，不存在离心力；第二种是在跟随物体运动的非惯性参照系中，物体不动，不存在向心加速度，但是物体及其组成部分都受到离心力。有时，用非惯性系的"离心力"观点很方便，因为通过非惯性系，我们有时可以把物体运动转换成一个静力学分析问题，只考虑受力，没有加速度。这样问题就简化了，也更容易直观想象出来。不过，中学物理教材从体系的一致性出发，经常采用惯性系里向心加速度的观点，而不是离心力的观点。希望大家不要混淆。

　　这件事情还可以说得更简单点儿，就是从人造卫星上垂一条绳子下来，然后，我们沿着绳子爬到人造卫星上去。既然绳子有重量，我们可以用比地球同步轨道更高一点的卫星，或者仍然使用地球同步卫星，然后在绳子的另一端加一个配重。或许上文详细的讨论会让你对这条绳子有更直观的印象。

　　现在，你已经想清楚了太空电梯的科学问题，该考虑技术问题了。既然太空电梯的关键是一条绳子，那么这条绳子需要什么样的技术参数？

太空电梯的技术问题

　　你需要一条足够结实的绳子。因为绳子从比地球同步轨道还高的太空悬挂下来，需要承受离自身数万千米的地球引力。怎么让绳子足够结实呢？

　　什么样的绳子足够结实呢？把绳子弄粗点行不行？更粗的绳子倒是更结实了，但是也更重了。绳子的结实程度与其横截面积成正比，而重量也与其横截面积（相同长度情况下）成正比。所以，改变绳子的粗细不能解决问题。[39] 我们需要在固定粗细的情况下用尽可能结实的绳子。

像钢缆这类我们感觉已经相当结实的绳子，对于建造太空电梯而言仍然十分脆弱。你可能会想到《三体》里有一种材料也许可以胜任，即汪淼研究的飞刃——超高强度纳米材料。

这样的超高强度纳米材料是存在的，例如单壁碳纳米管。单壁碳纳米管的强度 - 重量比可达钢材强度 - 重量比的几百倍，可以作为建造太空电梯需要的绳索。另外，碳纳米管具有良好的导电性，原则上比铜的导电性好得多，[40] 这样，我们可以直接在碳纳米管上通电来驱动电梯。

如何用碳纳米管上的电流驱动电梯上升呢？大家熟悉的电动机式机械结构比较容易想象。不过，纯电磁驱动或许更加高效。如果用电磁驱动，那么驱动太空电梯和驱动电磁炮或磁悬浮列车是类似的。例如，可以通过电梯上导体对磁场的阻碍效应（楞次定律，以及超导体的迈斯纳效应），用磁场把电梯"顶"上去，或者通过碳纳米管产生的磁场与电梯携带磁铁的磁场相吸引，把电梯"吸"上去。

现在，我们能造出来的碳纳米管长度上限在一米量级，远没有达到造太空电梯

---

39 当然，绳子不能太细，因为要让有一定重量的电梯爬上去并能抵御风力、大气扰动等因素对绳子造成的影响。另外，这里我们没有考虑绳子的粗细可以变化的情况。事实上，在同步轨道附近，绳子需要承受的拉力最大，而在地面及绳子的最远端，绳子需要承受的拉力最小。这样，可以用不均匀粗细的绳子，在同步轨道附近最粗，在地面及绳子的最远端最细，像枣核的形状一样。这时，强度不够的材料，也可以通过越接近同步轨道越粗来达到太空电梯的要求。但是这样的堆料做法会让材料的耗费迅速达到不可接受的程度。如果用钢缆实现太空电梯，那么在同步轨道上的绳子要比在地面上粗 10^{33} 倍，完全不切实际。

40 碳纳米管的导电性和原子排列方向有关，有的碳纳米管性质像半导体，有的像良导体。或许未来可以造出强度、导电性兼得的碳纳米管。假如不能制造出强度、导电性兼得的纳米材料，那么驱动太空电梯就要麻烦些，或者可以在纳米线上绑一条电缆，或者可以在地面上用激光等技术无线输电驱动电梯。

所需长度的纳米管的能力。假如未来我们能用可以接受的价格造出足够长的碳纳米管（例如，一些千米级碳纳米管连接起来），或造出类似碳纳米管的高强度材料，那么太空电梯就可以准备开工了。

现在，你已经想清楚了太空电梯的技术问题，该考虑工程问题了。

太空电梯的工程问题

太空电梯的地面基站应建在哪里呢？既然现在红岸基地已经废弃了，那把太空电梯基站建在大兴安岭的雷达峰上行不行？如果太空电梯可以被看成是从地球同步卫星垂下来的一条绳子，那么把基站建到大兴安岭显然不是最有效的，最有效的基站应该建在赤道上。

怎么把绳子送上天呢？克拉克在《天堂的喷泉》中描述的方法很实用：我们先造地球同步轨道上的空间站，再从空间站上把绳子垂下来。把绳子垂下来的技术可以参照光纤制导导弹，即导弹后面拴着一条绳子。当我们已经建好一条或几条绳子后，就可以沿着建好的绳子把更多的绳子送上去，用一个太空电梯来建造更多个太空电梯了。

现在，你已经想清楚了太空电梯的工程问题，该考虑商业问题了。

太空电梯的商业问题

即使我们已经有了大规模进入太空的需求和技术，也不是不计成本地发展太空电梯。太空物流承包商需要比较火箭和太空电梯的成本，从而使用比较合适的手段。太空电梯和火箭相比，优劣在哪里呢？

从成本上，你可以直观地想象到：太空电梯的成本更低，这就好比上楼的时候，走电梯上去和身上绑一串鞭炮炸上去，肯定是走电梯更便宜。[41] 另外，大家不应该

41　下一节讨论火箭工质的时候，我们将更仔细地分析这个问题。

用现在的火箭燃料价格和电价来对比火箭和太空电梯的成本。在未来世界，当人类拥有制造太空电梯的技术的时候，很可能也已经拥有了商用可控核聚变技术。到时候，电价会比现在便宜得多，而火箭燃料与可控核聚变关系更小些，[42] 所以未来太空电梯的成本优势可能会更明显。

火箭当然也有自己的优势：火箭不需要轨道，路线更自由。另外，火箭通常可以更快（这取决于太空电梯的功率。至少《三体》和《天堂的喷泉》里确实火箭更快些）。

所以，你可以把太空电梯看成太空轨道，就像是竖起来的铁轨；把火箭看成竖起来的飞机。太空电梯和火箭的优劣，类似于铁路运输和空运的优劣。太空电梯更便宜[43]；火箭更快一点，航线也更灵活。

当你周密地考虑了太空电梯的各个方面以后，我相信你一定是个好工程师。希望未来我能坐上你造的太空电梯登上太空。[44]

畅想：反引力可能吗？

在《三体》中，罗辑威慑三体人成功的5年后，

罗辑和庄颜跟着在草地上奔跑的孩子，来到了天线下面。最初的两个引力波系统分别建在欧洲和北美，它们的天线采用磁悬浮，只能从基座上悬起几厘米；而这个天线采用反重力，如果愿意，它可以一直升到太空中。

这样的反重力或者说反引力存在吗？如果存在反引力，那么走出地球的阶段就用不着火箭、太空电梯这些麻烦事，直接利用反引力就好了。人类从诞生以来就被

---

42 除非核聚变反应堆已经能小型化到可以装到火箭上。与商用可控核聚变技术相比，估计小型核聚变反应堆在更远的未来才能实现。

43 假设有足够大的运量来分摊建造成本。

44 不过，你也会面临竞争。比如2012年，日本大林株式会社曾宣布，计划用碳纳米管技术制造太空电梯，并预计于2050年运行。

地球引力所束缚，早就想摆脱地球引力了。早在1880年，珀西·格雷格的科幻小说《穿越黄道十二宫》中就幻想了一种叫作"apergy"的反引力能量，并用它来帮助人类进行星际旅行。

那么，有没有什么东西可以提供"反引力"呢？在一定程度上，这种东西是存在的，那就是宇宙中的暗能量。暗能量驱动宇宙加速膨胀，就可以看成是暗能量反引力效应的体现。但是，宇宙中的暗能量是均匀分布的，不能形成团块，所以，不存在"口袋里揣一块暗能量"就能在地球上飘起来这种事情。

理论上可以证明[45]，团块状的暗能量是不存在的。我们对"反引力"寄予希望，或许是因为我们观察到电磁力既可以吸引，也可以排斥，所以引力"为什么不"呢？

这是因为存在两种电荷：正电荷和负电荷。它们同性相斥、异性相吸。但是，引力只存在一种"正质量"[46]，并且正质量之间对应的性质就是吸引。巨大的负质量或负压强可能可以实现反引力。但是除了严格均匀的暗能量，目前没有合适的理论，更没有实验可以制造反引力。

所以，要想实现不均匀的反引力是非常困难的。目前还没有合理的科学途径来实现反引力。

无工质推进

火箭与工质

回到上一小节的问题：当我们上楼的时候，为什么要坐电梯，而不是在身上绑

---

45 当然，这些证明都是限于一定前提假设的，如果跳出框架思考，我们并没有否认一切反引力存在的可能性。

46 或许一些量子效应可以打破这个断言。这方面的研究目前仍在进行中。另外，需要强调的是，反物质也带有正质量，反物质与物质之间体现引力作用，而不是反引力。

一串鞭炮炸上去？除了考虑安全性，身上绑一串鞭炮炸上去的能量消耗也远远大于电梯。为什么会这样呢？

在《三体》中，人类的科学家开了个会，讨论能否通过火箭推进，把飞船推进到百分之一光速，用来提前和三体人获得接触机会。当时，火箭专家断然否决了维德"用资源改变原理"这个提议。为什么"用资源改变原理"不可行，这里的原理是什么？最后，程心的提议解决了问题。程心的想法"绕开原理"又是怎么实现的呢？

要回答上面提出的一系列问题，我们要从火箭的原理说起。

"绑鞭炮炸上去"这种方式，就是火箭。最早提出火箭设想的是1000多年前北宋的兵部令史冯继升。[47] 冯继升建议在箭杆的前端绑上火药，通过火药燃烧喷射气体让箭飞得更远。这里喷射的气体就是火箭的工作物质，简称工质。虽然冯继升建议的军用火箭当时并没有得到重视，但是这种想法沿袭了下来。后来，明朝的火器"火龙出水"是世界上最早的多级火箭。直到如今，过年的时候，我们燃放的五花八门的烟花爆竹，无论是二踢脚[48]还是窜天猴，都能从中看到火箭的影子。

虽然我国最早提出了火箭的设想，但是并没有定量地研究火箭的工作原理。研究火箭原理需要牛顿力学和微积分。这些工具当时还不存在，传入我国就更晚了。最早定量研究火箭原理的科学家是前面我们提到的齐奥尔科夫斯基。[49] 不过，这里我们只给出结果，并用定性的语言来描述火箭的原理。其实，如果大家熟悉牛顿力学和微积分，齐奥尔科夫斯基的定量计算非常简单，本书在脚注里呈现他的定量推

---

47 早在三国时期，就有把箭点燃再射出去的"火矢"了。但是火矢与火箭不同，火矢只是利用燃烧引燃粮草等易燃物，而不是通过燃烧喷射气体来增加箭的射程。

48 二踢脚，即双响爆竹，底部火药推动爆竹升空，之后过一会儿，顶部火药才爆炸。这不仅是火箭，更是装了弹头的导弹。

49 英国皇家军事科学院可能更早定量研究了火箭的原理，并用于武器研究。但是他们的研究是保密的，并没有公开发表。所以，现在一般认为火箭科学的开创者是齐奥尔科夫斯基。

导过程[50]。如果要用火箭发射一颗卫星，则通过动量守恒[51]，可以推导出火箭（包括卫星和燃料）的总重量与卫星重量之间的关系为：

$$火箭质量 = 卫星质量\, e^{\frac{卫星须达到速度}{工质相对于火箭喷射速度}}$$

这个方程就是著名的齐奥尔科夫斯基火箭方程，简称为火箭方程。也就是说，火箭的质量要比卫星质量大得多。特别是如果火箭工质喷射速度比卫星需要达到的速度小，那么火箭的质量会随着卫星需要达到的速度呈指数增加。指数增加是非常恐怖的事情。

下面我们来解释一下为什么会这样。其实道理很简单，这和古代用兵打仗是一个道理。人们常说"兵马未动，粮草先行"。这是因为在古代战争中，运粮是一件非常困难的事情。要把够战士吃的粮食运到前线就要很多挑夫，而这些挑夫自己也吃粮食，所以出发时就需要带更多的粮食，要运更多的粮食又需要更多更多的挑夫，而他们又要吃更多的粮食……我们把这个过程取一个极限，就是上面的火箭方程。

把这个道理用到火箭上就是：火箭要把卫星送上天需要喷射工质，而要把这些

---

50 考虑速度 v 飞行的火箭。火箭喷射出质量为 Δm 的工质，工质喷射速度相对于火箭为 u_e，相对于地面为 $v_e = u_e - v$，如下图所示：

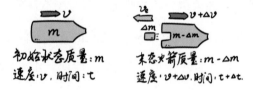

则由动量守恒，$mv = (m - \Delta m)(v + \Delta v) - \Delta m v_e$。整理这个方程，并保留至一阶小量，得：$m\,dv = -u_e\,dm$，其中已做替换 $\Delta v \to dv$，$\Delta m \to -dm$（因为质量在减少）。这个微分方程的解是 $m_0 = m\exp\left(\dfrac{v}{u_e}\right)$。这就是火箭方程。

51 既然工质飞船的基本原理是动量守恒，那么假如动量不守恒，是否就可以实现无工质飞船了呢？动量守恒背后更本质的物理规律是空间平移对称性。要破坏整个宇宙的空间平移对称性，进而达到无工质飞行，或许也是无工质飞行的一种可能性。但是它过于怪异和非主流，这里就不详细讨论了。

工质送上天，就需要更多的工质……所以我们就得到了火箭方程。

如果我们未来的目标是星辰大海，想飞向太阳系之外，或许我们需要接近光速飞行的飞船。[52] 用喷射工质燃料的方式把飞船加速到接近光速非常困难。[53] 这就是《三体》中章北海坚决反对未来的星舰采用工质技术路线的原因。

无工质火箭可能吗?

既然火箭工质的工作原理是动量守恒，你可能会觉得火箭方程是放之四海而皆准的真理，万万没法突破的了。但是，当进行发散思维时，我们会发现其实无工质飞船也不是那么遥远。怎么让飞船不用喷射工质就能驱动自己呢?

既然我们已经用行军打仗来类比了工质火箭，我们也可以用类似的类比来理解无工质飞船。《孙子兵法》中曾经建议过打到敌人的地盘上去吃敌人的粮食，这就类似无工质战争了。诸葛亮在北伐中也做过类似的事情。

最简单的无工质飞行器就是飞机。当然，飞机还要消耗燃料。但无论是螺旋桨飞机还是喷气式飞机，飞机搅动或喷出的气体都是飞机外面的，飞机并不是一开始就携带这些空气飞行。你知道飞机要喷出多少空气吗? 例如波音737使用的CFM发动机，

52　接近光速的情况下，需要用相对论版本的火箭方程。齐奥尔科夫斯基火箭方程的相对论推广是：

$$火箭质量 = 卫星质量 \left[\left(1 + \frac{卫星速度}{光速}\right) \left(1 - \frac{卫星速度}{光速}\right) \right]^{\frac{光速}{工质相对于火箭喷射速度}} 。$$

53　为了缓解这个困难，我们可以增加工质喷射速度。工质喷射速度的极限是光速。人们设想过喷射光的火箭，就是所谓"光子火箭"。它靠正反物质湮灭喷射光子来运行。当然，光子火箭还是科幻式的设想。我们虽然能制作出反物质，但是制作反物质的速度还远远不够拿反物质当燃料使用。在《三体》中，喷射光子的飞船已经被当作"无工质飞船"。但是，一般我们仍把光子、高速等离子当作物质。所以严格说来，光子推进仍然算是工质推进。只不过根据相对论版本的火箭方程（参见上一条注释），光子推进可以比较有效地达到把飞船加速到光速几分之一的目标。

每台发动机每秒喷出400千克空气。也就是说,在一个小时的飞行中,飞机要喷出3000吨空气,这远远大于波音737的起飞重量50吨。所以可以想象,飞机发动机能在天上"就地获得"3000吨空气,这对飞机的经济性多么重要。这也体现了无工质火箭的重要性。在宇宙航行中没有空气,所以飞机的原理不能直接用在宇宙航行中。但是,假如《流浪地球》里面烧石头的方法是可行的,那么我们可以每到一个恒星附近,就从附近的小行星上采集石头,靠烧石头获得能量,再把石头渣当作工质喷射出去。

如果本打算每到一个恒星附近就补充燃料,而恒星距离又太遥远,我们也可以在飞船行驶的路径上"预埋"一些推进工质。比如,程心曾经提出在地球到南门二的路径上放一系列核弹,每当飞船飞过,就引爆核弹为飞船补充能量。这种想法和在探险时设置补给点非常像。比如在人类首次到达南极点的探险中,为了避免出发时携带太重的粮食、狗粮和燃料,探险家们就预先在路径上设置了补给点。

当然,这并不是完整的无工质飞行器,它还是喷射工质,只不过是每到一个星系补充一点。也就是说,有工质和无工质也不是截然分开的。

太空电梯和太空大炮

更纯粹一点的无工质飞行器是我们上一小节中提到的太空电梯。我们可以架起电梯,让飞行器在上面加速,然后飞行器在绳子末端脱离绳子,飞向宇宙。还记得上一小节我们留下的问题吗?除了可控核聚变发电成本估计会低于火箭燃料成本,太空电梯不用让飞行器携带燃料,也大大节约了太空电梯的能耗。

与太空电梯相似的想法是太空大炮,用火药喷射、电磁弹射,甚至核动力弹射的方式,将飞行器从一个炮管里发射向太空。不过,这种方式的加速度巨大,不适合载人飞船(否则炮管就和太空电梯差不多长了)。[54] 虽然太空大炮仅仅是个设想,

---

[54] 如果我们不是建高塔,而是挖地洞,或许有希望建造载人的太空大炮。参见刘慈欣的短篇小说《地球大炮》。

但是人类历史上偶然实现过一次核动力太空大炮。在人类首次地下核试验中，爆炸当量大大超过了预期，结果这口地下核试验井的井盖被以6倍逃逸速度发射向太空。这个6倍逃逸速度只是个估计值，因为在高速摄影机的画面中，井盖一开始好好盖着，只有一帧捕捉到了井盖起飞，下一帧井盖就彻底不见了。当然，因为事发纯属意外，当时并没有为这个井盖设计良好的气动外形。因为空气阻力，井盖到底有没有进入太空，是否彻底熔化了，或者部分残骸掉回了地面，这些都成了未解之谜。

类似太空电梯、太空大炮的想法还有太空喷泉、轨道环、发射环、天钩等，感兴趣的读者可以在网上搜索这些设想，这里就不一一描述了。

不过，无论太空电梯还是太空大炮，都是"一锤子买卖"，飞行器在轨道或炮管里被推进一次，然后就只能自由飞行了。我们可以进一步思考，有没有发射之后，脱离了发射设施仍然能自主无工质飞行的飞船呢？

光帆

侯宝林的相声《醉酒》中讲过两个醉汉。一个醉汉从兜里掏出个手电筒，一按电门，出来一个光柱，叫另一个醉汉沿这个柱子爬上去。另一个醉汉说："别来这套，我懂。我爬上去？我爬到一半儿，你一关电门，我掉下来呀？"

听到这个笑话，你会不会认真思考其中的两个科学问题？第一个问题是：既然光是一种物质，而我们能沿一根物质的柱子往上爬，那么我们能沿同样是物质的光往上"爬"吗？第二个问题是：是否存在一个安全的速度或高度，让我们在爬上去后，即使电门关了也不会再掉下来呢？

第二个问题关系到宇宙速度和地球同步轨道。而第一个问题的答案是：考虑到光也有动量[55]，如果把光的动量传递给物质（或者物质通过反射光获得双倍动量），

55　自从麦克斯韦在19世纪60年代建立了麦克斯韦方程组以来，我们就已经明白了光也是一种物质，具有能量和动量。光的能量和动量可以从麦克斯韦方程组中计算出来。

就把物质"托"上去了。这就是光帆飞船的原理。

光帆飞船是比太空电梯和太空大炮更纯粹的无工质飞船。就像帆船能在风中航行一样，光帆可以反射光线，让飞船在光中航行，甚至通过调整光帆的角度，可以在一定范围内主动决定航向。光帆飞船的光源有两种：第一种是利用地球（或人类未来星际基地）上的激光光源，第二种是直接利用恒星的星光。

利用地球激光光源的例子是：2016年，霍金、米尔纳、阿维·勒布[56]等人曾提出的"突破摄星计划"。突破摄星计划希望可以在几十年后向南门二方向发射由1000艘星舰组成的舰队，航行速度达到光速的20%。这个计划听起来很吓人，不过这里的舰队不是由我们想象中宏伟壮观的星舰组成的。每一艘"星舰"只有厘米大小，几克重，携带微型摄影机和通信设备。为了通过光帆原理推动这些星舰，人类将

---

56 阿维·勒布曾任哈佛大学天文系的系主任，他对光帆飞行和外星人有近乎狂热的爱好。例如，2017年，太阳系发现了一个奇怪的天体"奥陌陌"，形状奇怪，速度很快，并且似乎具有反常加速度。勒布曾发表科研文章，猜测奥陌陌之所以具有这样奇怪的性质是因为它是外星人的光帆飞行器。另一个例子是，从2007年开始，天文学家发现一种特殊的天文现象——"快速射电暴"。快速射电暴只持续几毫秒的时间，但爆发的功率是太阳的数亿倍，也就是说，几毫秒发射出的能量，相当于整个太阳一整天辐射出的能量。对快速射电暴最可信的解释是"磁星"，但是勒布等人曾发表文章猜测快速射电暴是外星人驱动光帆飞船的手段。

建立一个面积达1平方千米的激光器阵列，向星舰发射激光，驱动星舰加速。发射1000个微型星舰的目的是希望经历了强激光恶劣环境、星际尘埃碰撞、宇宙线照射和20年的休眠之后，还能有一些完好的星舰为我们传回信息。

人类现有的技术还远不足以完成突破摄星计划。众多技术都需要数量级的提升，才能达到将厘米星舰加速到20%光速的技术指标。所以目前这个计划还有点"科幻"。

如果利用宇宙中的恒星光源，光帆单位面积得到的能量就少多了。即使光帆可以展开成巨大面积，也要考虑这巨大面积上星际尘埃撞击对光帆产生的阻力与破坏。所以这种光帆是细水长流式的，很难加速到很高的速度。

不过，截至目前，我们讨论的所有推进技术都没有考虑时空的属性。根据爱因斯坦的广义相对论，时空并非永恒和绝对的，而是可以弯曲的。那么，广义相对论是否为星舰旅行提供了新的可能性呢？我们将在下文讨论这些内容。必须提到的是，虽然广义相对论已经是被实验反复验证的理论，但是人类的工程技术远远没有达到随意操控时空的程度。下面几章的内容，是科学与科幻的结合——在科学上虽然没有被证明不可能存在，但我们还不知道其是否在允许的范围内。另外，有更有效的穿越时空的手段吗？甚至有没有可能用超光速的速度，也就是比300 000千米/秒还快的速度，进行时空旅行呢？

赫尔辛根默斯肯香皂驱动的星舰

艾AA和程心的香皂小船

在《三体》中，艾AA为了帮程心破解云天明谈话中的信息，用足够建一个日用化工厂的钱，从博物馆买了一块香皂。之后，她跑到浴室里放了一浴缸水，又让程心叠一艘纸船。

程心坐下来叠船。她的思绪回到了大学时代那个细雨中的下午，她和云天明坐在水边，在笼罩着细雨和薄雾的水面上，她叠的那只小纸船渐漂渐远。然后，她又想起了云天明故事中最后的那张白帆……

AA拿过程心叠好的带篷的小纸船，称赞很漂亮，然后示意程心也进浴室。在盥洗台上，她用小刀片从香皂上切下了小小的一片，然后把小纸船的尾部扎了一个小孔，把那一小片香皂插入小孔中，抬头对程心神秘地一笑，轻轻地把纸船放进已灌满水并且水面已经平静下来的浴缸中。

小船向前移动了，在这片小小的水面上，从此岸航向彼岸。

这个实验很简单，大家在家里也可以做。其实还可以更简化一点，不用把香皂固定在小船尾部，仅仅是简单地在水里放上小船，再往小船后面的水里滴一滴香皂水、肥皂水或洗手液，就可以看见小船向前移动了。

小船为什么会移动呢？这是因为水具有表面张力，表面张力就是水的表面倾向于收缩的力。当我们逐渐调慢水龙头的流速时，我们看到连续的水流最后变成一滴一滴的，这就是因为水的表面张力让水收缩成一滴一滴的。一些昆虫能行走在水面上而不掉到水里，也是靠水的表面张力提供弹力来平衡其所受的重力。

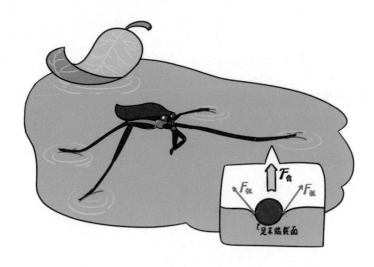

当小船被放到水里时，小船的四周都被水的表面张力拉着。因为小船四周受力没有什么偏向性，所以小船受到合力为零，小船并不运动。但是，香皂液可以减小水的表面张力。当水中滴入香皂液后，香皂液从一个小液滴开始，在水中逐渐扩散开来。[57] 随着香皂液的扩散，距离香皂液更近的小船尾部的水面的表面张力就减小了。这时，小船前面受到的拉力比后面大，小船就向前航行了。

随着小船的航行，小船后面水面的表面张力降低了。水的表面张力的降低的过程从香皂液的中心开始，逐渐在水面扩散。也就是说，香皂液驱动小船后在水面留下了航迹。下次在同一缸水里要想再次用香皂液驱动小船，小船跑得就没有那么快了。这就是香皂液驱动小船的原理。

三体人和云天明的香皂星舰

在物理学中，有没有可能把时空看成水面，用时空的"张力"变化来驱动小船呢？目前在已知的物理理论中，我们还没有发现这种可能。但是除了已经被实验"确

---

57 肥皂液在水表面的扩散，除了液体自然扩散作用，更主要的因素是肥皂液的表面张力比水小，因此外面的水面可以拉着肥皂液更快地扩散。

证"[58]的已知理论,理论物理学家们也对未来的新物理学进行过大量的想象。在这些还没有被证实的想象中,确实存在通过空间的"张力"驱动飞船的可能性。

什么是空间的"张力"呢?水的表面张力可以由水的表面蕴含的能量来表示。与水面不同,我们的空间是三维的,比水面多了一维。空间中即使没有任何物体,仍然可以蕴含能量,这种能量就是真空能。

在最简单的物理模型中,我们宇宙中的真空能已经是能量的最低取值。宇宙空间中所有地方的真空能都相等。所以,我们没法通过真空能的变化来驱动任何物体。[59] 但是,在一些理论中,我们宇宙中的真空能并不是真空能的所有可能取值中的最小值。当一些物理常数变化时,真空能会随之改变。在现存五花八门的理论模型中,很多物理常数的变化都有可能引起真空能的变化。现在我们假设真空介电常数可以改变[60],并且可以导致真空能的变化。

真空介电常数体现真空对电场的响应效率,真空介电常数与光速的关系[61]是:

$$真空中的光速 = \frac{1}{\sqrt{真空介电常数 \times 真空磁导率}}$$

其中,真空磁导率是另一个物理常数,这里我们暂且假定它不会变化,这样的话在上式中,真空介电常数越大,真空中的光速越小。

现在,在我们假想的理论当中,真空介电常数和真空能都可以随空间位置而改

---

58 这里的确证指表面意义上的证实或证伪。关于自然科学中的证实、证伪等的更深入讨论,见本书第六章《物理学不存在?》。

59 但是,空间整体的膨胀除外。1998年发现的暗能量的最简单的解释就是真空能。它可以驱动宇宙加速膨胀。真空能驱动宇宙加速膨胀的机理和这里的真空能变化不同,也与本节内容无关,这里就不赘述了。

60 为了让这个改变自洽,真空中的引力波等其他零质量粒子的性质也要相应改变,让零质量粒子的传播速度相等。所以,我们通常应改变比介电常数更基本的物理量。但是在这里,为直观起见,我们只讨论介电常数的改变。

61 这个关系可以通过麦克斯韦方程组计算得到。

变。我们在提出这个理论的时候，必须要符合目前的实验。目前的实验中，并没有看到真空介电常数或真空能随位置的改变。怎么让我们假想的理论符合实验呢？

　　一种在物理学模型构造中常见的办法是：为了让真空能可以发生变化，但又不影响宇宙中真空能均匀不变的观测事实，我们假设宇宙中真空能随着真空介电常数的变化处于一个局域极小值点上，但是，这个局域极小值并不是全局的最小值（如下图所示[62]）。如果稍稍改变一点真空介电常数，就需要耗费很多的能量，宇宙就不是能量最低的稳定状态了。所以，当智慧生命还没能力把真空介电常数改变很多时，真空的介电常数和真空能看起来都是常数。

　　那么，在我们生活的宇宙中，怎么滴一滴能引起真空相变的"香皂水"呢？假如三体人或地球人的技术发达到可以把真空介电常数变化很多，这样的话真空能就可以变化到一个更小的值。这个更小的真空能更稳定。真空能从一个局域极小值变化到下一个更小的局域极小值的过程，就是一场真空相变。

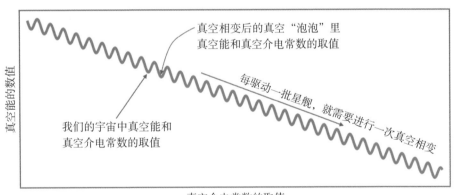

　　直到现在为止，我们都是在如上图所示的真空介电常数和真空能的二维图像上讨论真空相变。在我们的三维空间中，真空相变看起来是什么样子的呢？

　　真空相变就好像一滴香皂液滴到水面上。真空中产生一个泡泡，泡泡里面的真

62　类似的机制，参见 Graham, Kaplan, Rajendran. Cosmological Relaxation of the Electroweak Scale[J]. Phys Rev Lett. 2015; 115: 22−27。

空能比泡泡外边小。由于泡泡内外的能量差的推动[63]，泡泡产生后就开始迅速膨胀（就好像水的表面张力推动香皂液扩张一样），直到泡泡壁的膨胀速度无限趋近光速为止。

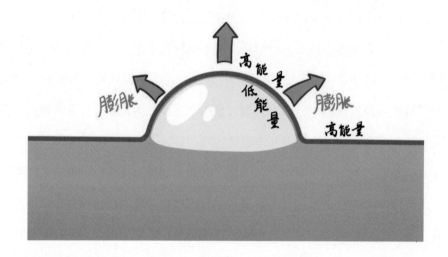

所以，假如星舰可以"挂"在泡泡壁上（例如星舰用某种对介电常数变化非常敏感的材料组成，会随空间介电常数变化而运动），那么当真空泡泡膨胀时，星舰就随着真空泡泡一起加速，很快加速到无限趋近光速了。在这个模型里，真空介电常数就是赫尔辛根默斯肯的香皂。同理，我们也可以构造物理学模型，改变真空中的磁导率来驱动星舰。

为了用这种真空相变的机制驱动星舰，每驱动一批星舰，就需要进行一次真空相变。每进行一次真空相变，泡泡里的真空介电常数就变大一点，真空中的光速就变小一点。这就是星舰的航迹。这一点我们暂且不讲，等下一章讲到黑洞和黑域的时候，再回到光速改变的话题中来。

《三体》中还提到，恐怖的"死线"可以由超大功率的曲率驱动产生出来。如

---

63 其实，泡泡壁也具有阻碍泡泡膨胀的张力。但是，泡泡壁的张力不够抵御真空能量差的推动力。所以泡泡产生出来后一直是膨胀的。

果按这里的讨论，这些"死线"可以是曲率驱动导致真空的连续相变产生的。[64]

阿库别瑞引擎

本节我们将介绍阿库别瑞引擎。阿库别瑞引擎是介于科学和假想之间的一种模型，[65] 由它驱动的飞船可以以任何超光速运动，将我们瞬间带到想去的地方。

读到这里，你可能有个问题：《三体》里的星舰驱动方式叫作"曲率驱动"，但是直到现在，我还没有提到曲率。这是因为，虽然《三体》中星舰引擎的名字叫"曲率驱动"，但这种引擎的多数性质都显示着它应该是个"真空相变引擎"，而不是"曲率引擎"。在本节中，我们将讨论通常意义下的曲率引擎。大家可以看到，它与三体中描写的曲率驱动非常不同。

时空曲率

要谈曲率驱动或者曲率引擎，我们需要先聊聊什么是时空曲率。时空曲率就是时空的弯曲程度。爱因斯坦的广义相对论告诉我们：物质的能量、动量、压强和应力[66]可以导致时空的弯曲。这就是著名的爱因斯坦场方程。如果这个结论太复杂，有点难记，我们也可以更概括地说："物质[67]导致时空弯曲"。

在继续讨论之前，我们要强调我们是在物理学与科幻的结合点上讨论问题。这

---

64 但是我不知道为什么"死线"会呈现线状。

65 如果你了解广义相对论，你就会明白阿库别瑞引擎的引力部分是科学的，可以写出度规。但是它的物质部分是假想的，也就是说：为了形成阿库别瑞引擎的度规，需要的物质具有高度的非物理属性。

66 能量、动量、压强和应力（其实压强可以看成是应力的特殊情况）在时空中的表现形式可以巧妙地组合起来，形成四维能量动量张量（也叫四维应力张量）。所谓爱因斯坦场方程，就是说，描述时空弯曲的爱因斯坦张量与物质的能量动量张量成正比。

67 这里的物质是广义的，不仅包括原子物质，也包括光、暗物质和暗能量等。

里我们讨论的曲率引擎和后文我们讨论的虫洞有个共同点，就是它们在几何（时空弯曲）上是可以定义的。但是，导致这些时空弯曲的物质还不存在，甚至有可能永远也不会存在。因此，我们这里讨论的曲率引擎和黑洞是"真假参半"的——时空弯曲部分是真的，但是物质部分未必为真。

像虫洞、曲率引擎这些假想的时空弯曲，除了用于科幻，也有一定物理意义：一方面它们有教学意义，可以用来讲授广义相对论中时空弯曲的概念；另一方面也指导我们重点关注造成这些时空弯曲的特殊的物质形式能否存在，特别是能否通过量子手段创造这些物质。

如何去直观地理解时空弯曲呢？我们生活的三维空间加一维时间的弯曲很难被我们直观地想象出来，这是因为我们生活在时空弯曲极其微小的环境当中，所以我们的直觉认为时空是平直的。我不知道这种直觉是从基因里与生俱来的，还是幼儿时期习得的。但无论如何，据我所知，世界上没有人能把三维空间加一维时间的弯曲时空直观地想象出来。

但是，我们可以很容易地理解一维空间加一维时间的弯曲。如果三维空间中只有一维非常重要，那么我们理解这重要的一维空间加上时间组成的二维时空的弯曲，就能理解很多现象的物理本质了。我们能很容易理解一维空间加一维时间组成的二维时空的弯曲，是因为我们可以在三维空间中把弯曲的二维空间画出来。[68] 这样就可以利用我们在平直的三维空间中训练出的想象力来直观理解二维空间了。但是，我们需要强调的是，把二维时空镶嵌到平直三维空间中只是便于我们的想象。这个"平直三维空间"就好像平面几何中的辅助线一样，并不是真实存在的。在下文我们讲到虫洞时，这一点是非常重要的。

这里我以宇宙膨胀为例来引导大家想象时空的弯曲。对于二维时空而言，让我们假设空间是一个一维的小圆圈。那么，宇宙空间随时间的膨胀，就是这个小圆圈

---

68 有些特殊的二维空间弯曲方式无法在平直三维空间中画出，例如克莱因瓶。

的周长变得越来越大，像一个铃铛的形状一样。

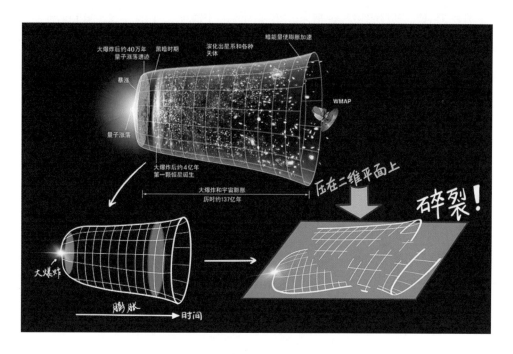

我们可以想象，上图中的"宇宙铃铛"虽然和一张纸一样也是二维的，但是如果不把铃铛破坏，那么就不能把铃铛摊平到一张纸上。所以，对膨胀的铃铛宇宙而言，时空是弯曲的。相比而言，如果宇宙不膨胀，那么空间就是一个圆柱的表面，它是可以摊平到一张纸上的。也就是说，如果宇宙不膨胀，时空就没有弯曲。[69]

宇宙膨胀超光速吗？

这里，我们顺便讨论一个大家感兴趣的问题：宇宙膨胀超光速吗？在讲曲率引擎的时候，我们还会回到这个问题上来。

如果你想听到一个简短的回答，简短的回答是：可以说，宇宙膨胀是超光速的。为什么要在前面加一个"免责声明"式的"可以说"呢？因为，要认真讨论宇宙膨

---

69 这里我们忽略了宇宙中物体造成的小范围时空弯曲。否则，就像爱因斯坦场方程说的一样，宇宙中的物体也可以弯曲物体周围的时空。

胀是否超光速，我们需要先搞清楚什么是速度及什么是光速。

什么是速度呢？假想一种情况，当我们吹一个画满格子的气球（这里我们想象的是一个二维空间和一维时间的宇宙，格子就是宇宙空间中的坐标）。气球上有一只蚂蚁。在气球膨胀的时候，蚂蚁可能在爬动，也可能不在爬动。从这个例子里，我们就可以定义出两种速度。

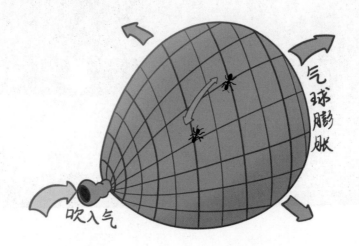

第一种速度是：距离除以时间。比如，蚂蚁距离气球进气口的总距离（以在气球表面上画出来的为准）除以吹气球用的时间。即使蚂蚁不在爬，随着气球的膨胀，以这种方式定义的速度也不等于零。当蚂蚁不在爬时，单凭气球膨胀导致的这种速度，叫作蚂蚁随着气球膨胀而具有的"共动速度"。蚂蚁距离进气口越远，蚂蚁的共动速度越大。

第二种速度是：蚂蚁自己爬动造成的额外速度。这种速度可以通过在一个微小的时间间隔内蚂蚁跨过了气球上的多少个格子来衡量。这个速度也就是蚂蚁与格子擦肩而过的速度，或者是蚂蚁与另一只站在格子上不动的蚂蚁擦肩而过时两只蚂蚁的相对速度。这种速度和气球是否膨胀无关，只和蚂蚁是否爬动有关，这种速度叫蚂蚁的本动速度。

在膨胀的宇宙中，如果我们只考虑本动速度，也就是两只蚂蚁擦肩而过的速度，那么运动速度无法超过光速。光速仍然是速度的极限。

如果考虑加上共动速度，即加上宇宙膨胀的效应，那么宇宙膨胀速度会超过光速吗？为了搞清楚这个问题，我们又要先搞清楚：什么是光速呢？光速有两种含义：第一种是"光速常数"，也就是300 000千米/秒，这是个固定的数字；第二种是用光在膨胀的宇宙中真实运行的距离除以光经过这段距离所需的时间得到的速度。

如果我们按照光在膨胀的宇宙中真实运行的距离来计算，光仍然是所有运动物体中速度最快的。如果在膨胀的宇宙中你和一束光赛跑，你仍然跑不赢光。但是，如果用我们随着宇宙膨胀的共动速度（或本动速度+共动速度）和"光速常数"来比较，那么，宇宙膨胀速度就可以超过光速了。与前面例子里，蚂蚁离气球进气口越远，共动速度越大一样，只要气球足够大，蚂蚁离气球进气口足够远，那么蚂蚁的共动速度可以任意大。[70] 宇宙也是一样，随着宇宙膨胀，只要两个物体离得足够远，他们之间距离的增加速度就可以超过"光速常数"。这就是"宇宙膨胀可以超光速"的含义。[71]

不过，即使按共动速度与"光速常数"的比较来解读"宇宙膨胀超光速"，我们仍然无法利用"宇宙膨胀超光速"的特征来穿梭太空，到达遥远的星系。这是因为对于遥远的星系而言，我们的飞船飞向它们时，即使可能相对于地球来说已经超光速了，但是这些星系本身可能也在超光速退行。所以我们并不能因为宇宙膨胀而更快地到达这些星系。

---

70 假定这任意大的气球也可以均匀膨胀。

71 在这里的概念辨析中，大家可能也注意到，准确理解概念、分辨命题中各个词含义的重要性。在进行物理专业学习时，这种准确的概念定义通常是以数学方程来实现的。所以虽然我们这里没有用到数学，大家也看到了数学的准确性在物理中的重要性。如果两个人争论不休，但是其实两个人争论的根本不是一件事，因为概念混淆才争论了起来，这就是浪费时间、没有意义的争论了。

阿库别瑞引擎

当我们理解了宇宙膨胀，再来理解曲率引擎就容易多了。当我们提到曲率引擎时，我们一般指阿库别瑞引擎。

阿库别瑞注意到在爱因斯坦的广义相对论中，原则上说空间膨胀或收缩并不一定是整个宇宙整体的行为，而可能是空间的一部分收缩、另一部分膨胀。如果我们能把收缩和膨胀的空间整合起来，让一艘飞船前面的空间收缩，像"缩地成寸"一样使得我们和遥远星系之间的距离变短，同时让飞船后面的空间膨胀，来抵消在飞船飞过后飞船前面空间收缩对空间的影响，这样飞船就可以在空间中飞行了。由于伸缩的是空间，飞船本身在空间中连动都没动，所以阿库别瑞引擎不受光速的限制（就像前文中我们说明的，宇宙膨胀可以超光速一样）。

我们还是用一维空间来举例，想象飞船被固定在一条绳子上。阿库别瑞引擎的原理是飞船本身不运动，始终在绳子上的同一位置，让飞船前面的绳子不断变短，飞船后面的绳子不断变长，前面和后面的绳子就像橡皮筋一样，这样飞船实际上就在空间中前进了。并且这里变短和变长的是空间本身，而不是绳子"推着"飞船运动。所以飞船感受不到加速带来的惯性感觉，并且只要我们能让绳子变长变短的速度足够快，飞船在空间中的有效速度可以超光速。

当然，我们的空间是三维的，不是一条一维的绳子。三维空间中曲率引擎的示意图如右图所示。曲率引擎前面的空间"缩地成寸"，使得曲率引擎看起来在超光速运动。

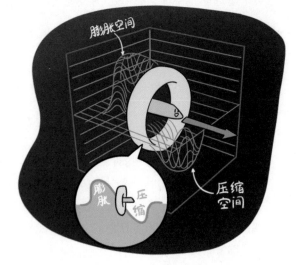

阿库别瑞引擎与《三体》曲率驱动引擎的区别

你能找到阿库别瑞引擎与《三体》中曲率驱动引擎的区别吗？如果能的话，能找到几个呢？

阿库别瑞引擎与《三体》中曲率驱动引擎的区别包括：（1）阿库别瑞引擎能超光速，《三体》中曲率驱动引擎不能；（2）阿库别瑞引擎的泡泡不扩散，《三体》中曲率驱动引擎的泡泡扩散（至少从香皂水的类比看来）；（3）阿库别瑞引擎不会留下改变物理常数的航迹，《三体》中曲率驱动引擎却会留下。这就是我认为《三体》中的曲率驱动引擎更像真空相变引擎，而不是阿库别瑞引擎的原因。

不过，《三体》中的曲率驱动引擎也有更像阿库别瑞引擎而不像真空相变引擎的一点，那就是在星舰里的人感受不到星舰加速导致的惯性力。这是阿库别瑞引擎的特点，不是真空相变引擎的特点。所以，如果你想理解所有的这些特点，就把《三体》中的曲率驱动引擎当成阿库别瑞引擎和真空相变引擎的结合体吧。

曲率引擎的难点和缺点

不过，阿库别瑞引擎作为一个时空几何模型在物理实现上有很多问题，比如（1）需要负能量以及足够负压强的物质，我们不知道如何制造出这样的物质，甚至物理学理论都无法确定这样的物质是否存在；（2）需要的能量太大，远远大于引擎需要运送的物质对应的能量[72]。与这些条件相比，一个更离谱的条件是：要让时空弯曲成阿库别瑞引擎的样子，造成时空弯曲的物质需要超光速运动才行，[73]而且曲率引擎超出光速多少，这些物质也要超出光速多少。但是假如用来弯曲时空的物质能够超光速，为什么还要用它们间接地弯曲时空？用它们直接来造飞船不是更方便吗？所以，

---

72 在一些暗能量模型中，可以存在足够负压强的物质。可惜，这些物质在宇宙中是均匀分布的，但是阿库别瑞引擎需要非常不均匀的负压强分布。

73 技术上，这种物质的能量动量张量在类时上的投影是类空的。也就是说，这种物质的能量流动超光速。

阿库别瑞引擎虽然作为时空几何模型很漂亮，但它在物理上既难实现，又不经济。

从技术上来讲，和亚光速时空穿越类似，宇宙空间中的尘埃也会为曲率引擎带来危险。即使曲率引擎足够结实，动力也足够强，不受宇宙中尘埃的影响，尘埃也会大量堆积在曲率引擎前面，为曲率引擎的目的地带来麻烦。此外，曲率引擎一旦启动，曲率引擎驱动的飞船会暂时被视界遮挡，不能充分感知外面宇宙的状况。也就是说，曲率引擎一旦启动，就处于一个"蒙眼狂奔"的状态，难以操纵。

后来，受到阿库别瑞引擎的启发，学术界也提出了其他可以超光速的几何模型，例如克拉斯尼科夫超光速地铁等。不过，它们也有和阿库别瑞引擎类似的弱点。

虫洞与时空跃迁

与使用曲率引擎相比，更多与空间旅行相关的科幻小说中更倾向于直接进行"时空跃迁"。例如在阿西莫夫的《基地》中，一开篇就介绍了"超空间跃迁"：

经由超空间，人类可以在一刹那间穿越银河。

阿西莫夫并没有为超空间提供物理解释，而是将它作为小说基本设定的一部分。也有众多其他科幻小说尝试为时空跃迁提供物理解释，例如早在1931年，杰克·威廉姆森的科幻小说《流星女孩》就试图用爱因斯坦的广义相对论解释时空穿越[74]。它的题记中写道：

查理尝试穿越复杂的四维时空，救出流星女孩[75]。

无论是明确提及还是隐藏在小说的设定中，这些科幻小说中时空穿越的方式，都不像曲率引擎那样开足马力向前面的时空猛冲直撞，而是一种时空跃迁——突然

---

74 近年来，穿越小说流行。穿越小说常常将穿越作为唯一超现实的设定，这就脱离了科幻小说的范畴。但一个有趣的巧合是，穿越小说中开启穿越的也常常是一颗流星。

75 原文为：Through the Complicated Space-Time of the Fourth Dimension Goes Charlie King in an Attempt to Rescue the Meteor Girl。

在时空的一个地点消失，同时在时空的另一个地点出现。这样的时空旅行可能吗？

在爱因斯坦的广义相对论中，实现这种时空旅行的方式叫作"虫洞"。用一张示意图来描述虫洞胜过千言万语（如果你是科幻迷，你一定已经看过类似的示意图了）。

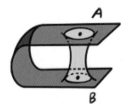

在右图中，按照正常的途径，从A点到B点需要跋涉千万个星系的距离。但是，如果时空中存在捷径，就可以直接从A点到B点，这就是虫洞。

正名：虫洞不需要弯曲整个宇宙

虫洞图片虽然直观，但是这类图片往往也会引起大家的误解。所以在讨论更多内容之前，我们需要先为虫洞正名。

一个经常出现的误解是：为了产生虫洞，我们需要先把整个宇宙从"平的"弯曲成上图的形状。但事实并非如此。在上一小节介绍时空曲率时，我们已经提到，广义相对论中"在乎"的时空弯曲是时空内在的弯曲，而不是时空镶嵌到更高维度体现出来的性质。而在上图中，我们将整个空间弯过来，再通过虫洞连接，这只是为了让我们更容易想象而已。物理上，这种"镶嵌"不是真实存在的。所以，为了实现虫洞，这种"把时空弯过来"的操作只存在于我们的想象中，它并不是实现虫洞的实际困难。

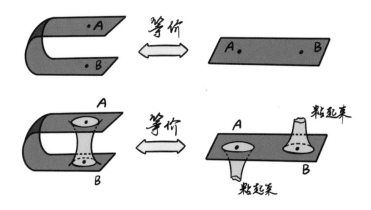

虫洞研究史上的三次"革命"

广义相对论建立[76]后，物理学家意识到原来时空可以弯曲。这打开了现代虫洞的研究之门。

较早的虫洞是把一个黑洞和一个白洞接到一起，这种做法叫"爱因斯坦－罗森桥"，是爱因斯坦和罗森在1935年提出的。[77]这种早期的虫洞要依赖白洞的存在。由于白洞会导致熵减少，这破坏了热力学第二定律，因此科学家一般认为白洞并不存在于我们的宇宙中。更重要的是，爱因斯坦－罗森桥虽然看似可以存在，却像海市蜃楼一样无法穿越。所以，爱因斯坦－罗森桥距离真正的时空跃迁还非常远。

在20世纪80年代，虫洞研究迎来了第二次革命。这次革命的起源很有趣，不是源于物理学，而是源于科幻。当时，天文学家卡尔·萨根正在创作科幻小说《接触》[78]，他需要找到一种小说中快速穿越时空的方式。于是，萨根找到他的朋友基普·索恩[79]。或许由于这个原因，索恩开始研究虫洞，并且在他和莫里斯1987年发表的科研论文[80]中，还花大量篇幅讨论了如何从物理上实现《接触》中的情节。莫里斯和索恩提出了可穿越虫洞的几何结构，这种几何结构避免了爱因斯坦－罗森桥的弱点：既避免了使用白洞，也可以让真实观察者穿越过去。莫里斯和索恩的论文现在已经成为广义相对论研究中的一篇经典论文，也是科幻与物理研究互动的一个经典案例。

但是，莫里斯－索恩虫洞并不是一个完整的理论。广义相对论告诉我们"几何＝

76　1907年，爱因斯坦提出等效原理，奠定了广义相对论的基石。1915年，爱因斯坦和希尔伯特分别提出爱因斯坦场方程，建立了广义相对论。

77　在爱因斯坦和罗森之前，路德维希·弗拉姆在1916年曾对虫洞进行过最初的尝试。

78　以《接触》为蓝本拍摄的电影《超时空接触》曾获奥斯卡奖和雨果奖。

79　索恩是当时优秀的广义相对论专家之一，后来他因探测到了引力波而获得了2017年诺贝尔物理学奖。

80　霍默·G.埃利斯曾在1969年提出了类似的想法，并将其发表于1973年。所以，虽然莫里斯和索恩的论文更有名，但是现在可穿越虫洞也常被称为Ellis虫洞。

物质"，莫里斯和索恩只构建了这个等式的时空几何部分。他们也注意到等式右边的物质部分非常难以构造。在虫洞的示意图里，我们可以看到在时空几何的影响下，即只受引力作用的情况下，各个方向的物质在进入虫洞入口的过程中是彼此汇聚的，但是从虫洞出口出去的时候却是彼此散开的。所以，在虫洞里引力不总是吸引的，它经历了一个"反引力"的阶段。莫里斯和索恩并不能构造这种提供反引力的物质[81]，所以他们的理论只完成了一半。

2013年，事情有了新的转机。马尔达西那和萨斯坎德提出假说，认为虫洞可能和量子纠缠有关。这里的虫洞和量子纠缠的联系并不是表面上"超距作用"那么简单，而是基于现代对偶性的深刻联系。从此，利用当代物理中的奇特物质研究虫洞成为一个活跃的研究方向。直到本书完稿时，这个方向还在快速进展中。

虫洞的出口在哪里？

目前物理学界针对虫洞的研究，大都专注于虫洞能否存在，用什么样的量子材料可以支撑虫洞存在等问题。即使这些研究在未来能实现（那也一定是很久远的未来了），这些研究仍不足以让我们任意穿梭时空。虫洞可能存在和虫洞可以在我们的世界中被制造出来是两个问题。

更具体一点来说就是：怎么在空间中任意的一个A点和另一个B点开启虫洞呢？假如人类在月球上开启了一个虫洞入口，那么虫洞的出口在哪里呢？我们如何决定虫洞开启后通向何方？虫洞的出口在地球吗，在银河系中吗，在遥远的星系中吗，在我们可观测的宇宙中吗？甚至虫洞的出口是否在跟我们宇宙不连通的另一个宇宙中呢？也就是说我们会不会开辟了一个通向新宇宙的路径[82]呢？

81　技术上，让光线汇聚后又发散，需要破坏弱能量条件；让有质量物体汇聚后又发散，需要破坏主能量条件。主能量条件比弱能量条件更苛刻。虫洞至少要破坏弱能量条件。

82　在《三体》的结尾，云天明送给程心一个647号宇宙当作礼物。尽管书中没有明确描绘它的物理机制，但看上去从我们的宇宙通往647号宇宙的大门就是通过虫洞开启的。

目前,这些问题在物理研究中还没有答案。不过我们不妨在本书中做一点科幻的讨论。比如,有没有一种可能——我是说可能存在这样一种情况:人类在月球上开启虫洞入口,对应于时空的某种边界条件;而恰好同时另一个地方也许是天然的、也许是由外星文明制造了同样的边界条件,于是形成了虫洞出口,然后虫洞就连通了?这种情况很像阿西莫夫在《神们自己》中描述的电子通道:我们只要在任何地方放一瓶钨186,另一个文明在他们自己的空间放一瓶钚186,经过某种操作,它们就可以发生置换。[83] 假如类似的幻想可以成立,我们不妨进一步猜想:一些极其先进的外星文明已经把时空跃迁的各种常用接口都准备好了,只要我们能满足这些接口的条件,就开启了通向他们的虫洞。当然,这一段讨论只是猜测,目前并没有现实的物理基础。

虫洞与时间机器

关于制造时间机器,我们有很多话题可以聊。不过《三体》里谨慎地避免了超光速和时间旅行这些话题,所以在本书中我们只简单地谈谈时间机器。

在谈时间机器是否存在之前,我们先要界定什么是时间机器。能让我们很快到达未来的时间机器是存在的。比如以接近光速的速度飞离地球然后再返回,由于狭义相对论的时间膨胀效应,就可以快速到达未来。或者,我们也可以跑到黑洞附近过一天,就能达到"天上一天,地上一年"的效果。

但是,如果我们特指让我们回到过去的时间机器,那就非常困难了。我们可以通过移动虫洞的开口来构造一个时间机器。只要虫洞的开口可以移动,并且保持虫洞仍然可以迅速通过,[84]那么有了虫洞,我们同时就有了时间机器。使用狭义相对论中

---

83 当然,因为虫洞是时空的结构,放一瓶某种元素大概不会开启虫洞。就算存在像《神们自己》中描述的时期,也应该是未来我们对时空的量子信息结构理解更多之后才会掌握的、对时空本身的"缝合术"。

84 我很怀疑在移动虫洞开口时能否自然地保持通过虫洞的时间不变(而不是让虫洞被拉长)。不过,要研究这个问题非常困难,目前我的怀疑只停留在口头上。

"同时的相对性"的概念，可以很容易证明这一点。不过这里我们就不展开介绍了。感兴趣的读者可以参照相关科普，或直接阅读这一发现的原文[85]，对掌握狭义相对论的读者，这篇论文并不难读。

能回到过去的时间机器就好像潘多拉的盒子一样，一旦存在会为物理学甚至整个自然科学带来一大堆麻烦。比如，一个时间旅行者回到过去，阻止了他的爸爸和妈妈的相识，那么，这个旅行者又从哪儿来的呢？这就是著名的祖父悖论。这里我们就不展开讨论这些问题了。

超光速空间旅行面面观

我们已经介绍了阿库别瑞引擎和虫洞这两种可能的超光速星际旅行的手段。尽管目前我们还没有发现任何可以实现超光速星际旅行的实验证据，但是在理论物理领域，理论物理学家们已经对超光速的可能性进行了大量讨论。由于本书篇幅所限，我们无法对每种情况进行详细叙述。

我们必须指出，虽然物理学家们讨论了这么多超光速星际穿越的可能性，但是超光速本身就存在各种各样的问题，它们可能全都不能实现。不过，即便人类永远也无法掌握超光速穿越空间的能力，我们也不应对星际航行失去信心。所谓"星辰大海"，我们经常用大海来类比星辰。6000年前，中国东南沿海的古人类用数千年时间把文明散布到太平洋的各个岛屿上，包括夏威夷、复活节岛和新西兰。即使在今天，飞跃重洋也是一件费时又费力的事情，而在6000年前，古人类是靠什么战胜变幻莫测的天气，靠什么抗过远航的煎熬，靠什么跨越世界上最大的海洋呢？他们靠的是独木舟和走向未知世界的勇气。今天，即使我们无法造出曲率引擎，无法造出虫洞，我们也可以通过火箭与核动力飞船走向宇宙，我们靠的是技术和走出襁褓的勇气。

---

85 参见 Morris, Thorne, Yurtsever, Wormholes. Time Machines and the Weak Energy Condition[J]. Phys Rev Lett. 1988; 61: 13−26。

第三章
定律之战

在《三体》书中接近结尾的部分，刘慈欣借关一帆的见闻描绘了在《三体》世界观里的远比书中的主体部分更宏大的战争场景。关一帆说：

"在真正的星际战争中，那些拥有神一般技术力量的参战文明，都毫不犹豫地把宇宙规律作为战争武器……被用作武器的规律甚至可能包括……数学规律。"

本章导读

本章我们来讨论假如我们拥有操控任意物质与能量的技术，那么有可能发动一场定律战争吗？[86] 本章将讨论降维打击、二向箔、黑域、多重宇宙甚至时间之外的存在等问题。当代物理学还不足以确切回答这些问题。不过，我们仍可以站在当代物理学的视角，在物理与科幻的结合点上讨论物理定律是否可以改变，以及物理定律改变后对人可能产生的影响。

---

86 爱好和平的我们不妨想象一下战争。科幻常常关联到战争。而科幻作品想象中的战争至少不像现实中的战争那样伤害人类。从物质战争到定律战争的升级，让我想起小时候流行的动画片之一《圣斗士星矢》。现在回想起来，动画片中的技能设计也有点从青铜圣斗士的物质之战（例如天马流星拳、星云锁链、钻石星尘拳）到黄金圣斗士更厉害的定律之战（例如星光灭绝、光子破裂、异次元空间）的意味。

空间维度

所谓"四方上下曰宇"[87]。论空间的维度，上下是一个维度、左右是一个维度、前后又是一个维度。[88] 我们生活在三维空间中。这在我们看来是理所当然、司空见惯的事情。但是从更本质的角度来讲，为什么说物质存在于时空之中？因为物质的根本组织方式就是"空间距离的远近"决定"相互作用的难易"，而空间距离的概念引申出了空间维度的概念。下文中我们也将讲解，物理学中随处可见的平方反比定律就是三维空间的结果。

但是，你想过没有，世界上是否存在除三维空间以外的其他维度呢？你可能会说，还有一维，就是时间。确实，自从狭义相对论问世以来，时间和空间被紧密结合成时空。不过，我们暂且不谈时间维度，如果纯粹谈空间维度的话，空间可能有更多维吗？

卡鲁扎－克莱因的额外维

空间可能有更多维吗？首先，我们还并不确定这个问题的答案。在实验上，我们还没有发现任何更高维空间存在的证据，但是在理论上对高维空间的探讨从100多年前就开始了。

1919年，卡鲁扎提出了爱因斯坦的广义相对论在四维空间加一维时间情况下的推广。1926年，克莱因完善了卡鲁扎的理论，并把它和量子力学里的一些要素结合起来。所以，现在我们把这类理论叫作卡鲁扎－克莱因理论。

---

[87] 出自战国时期《尸子》。在相似时代的诸子百家典籍中，类似的提法多次出现。比如老子的弟子文子也称"四方上下谓之宇"。

[88] 为什么把上下合称为一维呢？这是因为上和下是由同一个坐标轴的正负表示的。左右、前后也是这个道理。空间中的一个点，一般需要用它在3个坐标轴上的投影来标定，这就是"三维"的含义。如果你学习了"线性代数"，就会对维度有更形式化的认识。

　　既然卡鲁扎－克莱因理论中有4个空间维度，为什么我们在日常生活中只看见3个呢？这是因为第4个空间维度"卷曲"起来了。比如，我们通常说一根电线是一维的，但其实这只是因为我们离电线远，看得不仔细；如果我们仔细看，能看出电线还有一个二维的横截面，所以电线也是三维的物体。在这个方面，时空本身的维度和电线的维度有相似之处：如果第4个空间维度是卷起来的，也就是说沿这维空间跑短短的一小段距离就会回到出发点。如果我们造不出足够强大的显微镜来仔细看，那么我们就看不到第4个空间维度，对人类而言，空间看起来就是三维的。那个被隐藏起来的、人类看不到的维度，叫作"额外维"。

爱因斯坦的统一场论

　　卡鲁扎－克莱因理论有个很奇特的性质：假如在完整的四维空间加一维时间的理论中，只有爱因斯坦的引力，没有电场和磁场，那么将第4个空间维卷起来后，在我们看到的三维空间加一维时间的"有效理论"中，电磁场将自动从第五维的引力中产生出来。

当爱因斯坦听说电磁场可以从额外维的引力中自动产生出来时，他十分兴奋。这是否意味着可以基于广义相对论，也就是基于时空的几何结构，来建造一个统一世间万物的物理理论呢？如果要求这个理论中时空的几何结构是平滑的，那么这种额外要求是否能导出一个唯一的理论？也就是说能否从简单的假设导出一切？这就是爱因斯坦后半生为之奋斗的统一场论。

可惜，爱因斯坦把自然界想得太简单了。爱因斯坦忽略了量子力学，[89] 忽略了同时期原子、原子核结构方面突飞猛进的发展。所以他的理论最多只能看成是自然界的一个玩具模型（而且是未完成的玩具模型），而不是能包罗万象的万物理论。

弦论中的额外维

物理学家对万物理论的追求并没有停止。从20世纪60年代以来，物理学家开始猜测基本粒子可能不是点粒子，如果我们看得足够仔细，基本粒子可能是一维的弦[90]。世界上基本粒子的种类很多，但对应的弦只有一种。[91] 弦的端点在不同地方、弦的缠绕模式以及振动模式也不同，就造成了世界上各种不同的基本粒子。

---

89 爱因斯坦并不是不懂量子力学，只是不喜欢量子力学。爱因斯坦是量子力学的开创者之一，并且在与玻尔的论战中揭示了量子力学中的众多性质。例如，他与波多尔斯基、罗森共同发现的EPR佯谬，第一次阐明了量子纠缠的概念，并且成为当代量子信息和量子计算的基础。爱因斯坦只是不喜欢量子力学中的随机性。但是从逻辑上讲，这不是他在统一场论中忽略量子力学的原因（因为他也接受量子现象，只是不赞同量子力学对此的解释）。爱因斯坦或许希望在暂时不考虑量子力学的情况下，把广义相对论与电磁场先放到一起得到一个更深刻的理论，再从此重构量子力学吧。不幸的是这次爱因斯坦赌错了。自然界的底牌并不是像爱因斯坦猜测的那样，引力不是能被第一个统一的力，而是四大基本相互作用中的最后一个。

90 目前，弦论是最有希望统一引力和其他物理规律的理论，但是我们还不确定弦论正确与否。本书最后一章还会继续讨论弦论对当代物理的影响。

91 基本弦只有一种，但是通过计算发现，弦论中可以存在一些其他物体，如D膜，其中D是膜的空间维数。弦的端点就终止在D膜上（当然，弦也可以是像封闭的橡皮圈一样没有端点，这样就不必终止在D膜上了）。D膜和后面我们谈到的膜世界有关。不过这里就不详述了。

在弦论里，空间不能只有三维，空间必须是九维的才行。一个理论可以规定空间的维度个数，这个理论实在非常霸道。弦论专家们期望，弦论就是这样的一个霸道理论，可以从理论的自洽性上规定一切。我们在《物理学不存在？》一章中还会重新讨论这个问题。

九维空间再加上一维时间组成的十维时空，就是《三体》中关一帆描绘的那个"十维的宇宙田园"。另外，如果要把十维时空中不同版本的弦论统一起来（所谓 M 理论），我们还可以看到空间还会自发生长出一维，变成十维空间加一维时间组成的十一维时空。这里就不详述了。

既然弦论中有九维空间，那么如何解释我们生活在三维空间中呢？其余的 6 个"额外维"到哪里去了？弦论里有两种流行的方法处理 6 个额外维：最通常的办法是像卡鲁扎－克莱因理论一样，让 6 个额外维卷起来，这叫作弦论的"紧化"或"紧致化"。另一个办法是让我们的世界漂浮在一个三维的膜上，这叫作"膜世界"。

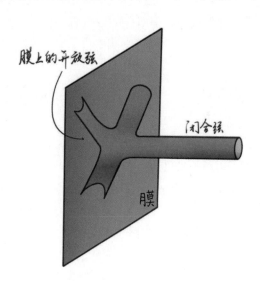

既然在弦论里面，空间是九维的，为什么自然界偏偏让我们生活在不多不少的三维空间中呢？三维空间是个巧合，还是有什么道理呢？

目前，我们还不能通过弦论或是什么别的理论，从第一原理出发推导出我们人类感受到的空间必须是三维的结论。或许人择原理可以为我们解释空间是三维的结论。我们将在本书的最后一章简略讨论人择原理。既然供人使用的空间并不必然是三维的，这就为《三体》中以时空维度为武器的战争提供了条件。

降维打击

"降维打击"这个词并没有出现在《三体》的原文中。但是自从这个词在互联网上出现以来，由于它贴切地描绘了三体中的维度战争，"降维打击"迅速成了网络热词，甚至成为提到《三体》时很多人想到的第一个词。[92]

在《三体》世界观中，宇宙黑暗森林残酷的生存竞争让文明不得不以维度内卷的方式生存下来。这一观念通过关一帆与程心的对话体现出来。当使用维度攻击时，

"有一个选择可以使维度攻击者避免同归于尽，你想想看。"

程心沉默许久后说："我想不出来。"

"我知道你想不出来，因为你太善良了。很简单：攻击者首先改造自己，把自己改造成低维生命，比如由四维生命改造成三维生命，当然也可以由三维改造成二维，当整个文明进入低维后，就向敌人发起维度打击，肆无忌惮，在超大规模上疯狂攻击，不需要任何顾忌。"

那么，高维和低维的生命会是什么样子呢？其实，我们很难想象它们的样子。

进入四维碎片是什么感受？

作为三维的人类，我们无法想象进入四维碎片的感受。但是，我们不妨想象一下，对于一个一维爬虫而言（假如它能存在的话），二维生命看起来是什么样子的，

92　在2020年的第十六届泛珠三角物理奥林匹克竞赛暨中华名校邀请赛上，我们出了一道致敬《三体》中降维打击的奥赛题。如果你有参加高中物理竞赛的背景，不妨试着作答。试题可从香港科技大学泛珠三角物理奥林匹克竞赛暨中华名校邀请赛网站下载。

以及如果有一天，一维爬虫能够进入二维，它会是什么感受。在一维爬虫眼里，二维生命（如二维"纸片人"）是什么样子的呢？

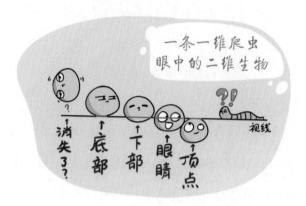

在一维爬虫看来，二维纸片人简直就是一种恐怖的存在：随着纸片人与一维空间的相对位置不同，纸片人有时看起来像一个点，有时像一条线，有时像好多条线，这些变幻莫测的线还可以很快消失，再突然凭空出现。所以，一维爬虫要是想抵御二维纸片人的攻击，简直是不可能完成的任务！就像一只鸟儿要吃掉只能在一根树枝上爬的爬虫，只要起得早一点就行了。

假如四维生物存在，四维生物攻击三维生物，或许也同样简单吧。但是，四维生物真的存在吗？

我们能在四维碎片中生存吗？

四维生物的生活看上去很让人羡慕，但是空间与距离并不是四维生物生存的障碍，离心力才是。离心力[93]是一个在二维、三维空间中很普通，但在四维空间中几乎难以逾越的生存障碍。

为什么离心力会成为四维生物生存的障碍呢？为了回答这个问题，让我们接着

---

93 上文的脚注中提到过，同样的物理现象在非惯性系中体现为离心力，在惯性系中体现为向心加速度。在非惯性系中离心力与引力平衡，在惯性系中体现为引力提供向心加速度。

问下一个问题：为什么在三维空间中，引力和电磁力的强度，都与距离的平方成反比？这是巧合吗？还是由什么更基本的规律决定的？

三维空间中的平方反比定律的确是由更基本的规律决定的，这条更基本的规律就是散度定理，也叫作高斯定律。要严格描述高斯定律需要微积分的知识，但如果是要对它有个直观了解，具备中学物理知识就够了。中学物理中通常用电力线的密度来表示电场强度。一个点状电荷发出的电力线在三维空间中的密度与距离的平方成反比，所以，点电荷的电场强度与距离遵循平方反比定律。引力的情况也类似。

我们可以想象，在不同维度中，电力线随空间距离发散的规律是不同的。在一维空间中，电力线根本就不发散，所以电场不减弱。[94] 从二维空间开始，空间维数越高，电力线随距离发散得越快。所以，点电荷产生的电场强度，在二维空间中与距离成反比，在三维空间中与距离的平方成反比，在四维空间中与距离的立方成反比……

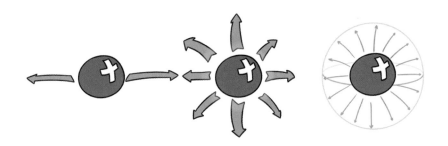

这和离心力有什么关系呢？离心力是由物体的惯性运动力和中心束缚力交织在一起产生的。在所有维度中，离心力的公式都是一样的。我们三维世界中物质的基本存在形式，大至天体运动，包括星系团、星系和行星绕恒星的运行，小至电子在原子中绕原子核运行，都是引力或者电磁力与离心力平衡的结果。在三维空间中，这种平衡是稳定的：一个小的扰动，比如某个小行星撞击一下地球，可能会让地球的轨道稍做改变，但不会脱离太阳系。但是我们考虑四维或四维以上的空间时，当

---

94 在三维空间中，平行板电容器里的电场可以近似为匀强电场，就是因为"平行板"使三维空间中三个维度变成了一维，使三维空间中的问题实际上和一维空间中的问题差不多。

地球的轨道因小行星的撞击离太阳的距离稍稍变远时，拉住地球的万有引力随着轨道衰减得比三维空间的情况更快，无法再与离心力平衡，地球就会被小行星撞得脱离太阳系，去宇宙空间中流浪了。也就是说，四维或四维以上空间中的行星轨道不稳定。[95] 类似地，原子结构也无法在四维或更高维空间中稳定存在。

所以在《三体》中，无论是君士坦丁堡的魔法师，还是蓝色空间号星舰通过进入四维空间来攻击万有引力号，进入四维空间都不是一件容易事。如果让三维人类直接进入四维空间，人身体里的原子就直接散架了。

不过，正如人不能直接进入太空却可以穿着宇航服进入太空一样，是不是也存在一些保护机制让人类可以进入四维空间呢？

据我所知，这个问题在物理学中没有标准答案。不过我们不妨天马行空地想象一下。前面我们谈到过，弦论中主要有两种处理额外维的方法，分别是膜世界与紧致化。如果用膜世界的观点，我们的世界漂浮在一张三维膜上，如果这张三维膜的一小部分可以"脱落"（像毛衣上脱落的毛毛球一样），载着人飘进四维空间，最后再飘回三维的膜上，这或许可以作为三维人类进入四维空间的一种办法。但是在弦论里，一般来说三维膜的张力极大（像质量极好的毛衣一样）。让三维膜脱落一个载人毛毛球是非常困难的，或许需要极强的力场支撑才行。

《三体》里也指出了，人类进入四维空间，还是不如"原生"的四维生物在四维空间里活得自在。那么，不依赖三维膜的原生四维生物存在吗？这个问题应该也没有标准答案。我们来畅想一下，原生四维生物如果要存在，就需要摆脱圆周运动和离心力。

---

95 高维空间轨道的不稳定性也可以用能量的观点来解释。在二维或三维空间，地球绕太阳转，动能加引力势能是负的，也就是说地球欠太阳能量，所以无法跑到无穷远去。四维空间的圆轨道能量为零，稍给一点能量，地球就跑走了；稍减一点能量，地球就掉进太阳了。五维以上空间圆轨道的能量是正的，就更不稳定了。

在天体尺度上，四维恒星－行星结构的不稳定性使得四维生物不能靠恒星核聚变、周围环绕行星这种结构生存。那么四维生物如何获得能量？或许可以考虑低功率的恒星，四维生物是否可以直接在恒星表面生存？又或许四维宇宙中是否可以有成团的不稳定粒子持续衰变，而生物可从这种衰变中获得能量？

在微观尺度上，四维空间要把物质的基本组成单元聚到一起而不需要利用圆周运动和离心力是一件非常困难的事情。因为根据量子力学的不确定性原理，基本粒子就像活泼的哈士奇，只要把它关在家里，就无法禁止它到处乱动。在四维空间里，这只活泼的哈士奇就会把家彻底拆了。所以在四维空间中，把众多点粒子携带的信息聚合起来非常困难。我想，有3种方式或许可以解决这个问题：第一种，像中子星一样，把基本粒子堆起来形成基本粒子固体，再利用某种力束缚住；第二种，在四维空间中，不用点粒子而是用一定半径的"宏粒子"[96]作为基本单元来组成物质，如果宏粒子足够重、足够大，它的量子效应就很小，从而就可以像搭乐高积木一样把宏粒子粘起来，从而避免基本粒子的量子效应像哈士奇一样拆家了；第三种，干脆不用基本粒子来携带信息，而是用卷曲起来的额外维的几何结构，在弦论中，额外维可以有 10^{100} 种卷起来的形态[97]，这些形态可以携带足够信息。由此我们可以想象：额外维的形变是否可以做计算甚至产生智慧呢？如果在四维空间中不同的地方额外维卷起来的形态不一样，有没有可能这些不同的卷起来的形态就构成了一个个生命体？这些生命体之间，由畴壁（domain wall）分隔，就像三维生物的细胞膜一样？当然，这些都是假想。说起来容易，但要把这些假想用第一原理，通过计算原原本本实现出来，应该是很困难的事情。

---

96 例如弦论里的膜，不过这里又出现了前文提到的膜有巨大张力，如何用力场把膜的"毛毛球"稳定下来的问题。

97 这里是按3个大空间维6个小空间维估计的。如果是4个大空间维5个小空间维，数字可能不一样。另外，我们将在本书最后一章仔细讨论这个 10^{100} 的物理意义。

二向箔

在《三体》中，当人类目睹了被光粒毁灭的恒星后，曾幻想通过制造掩体来逃过一劫。可是，等待人类的却是更可怕的灾难。或许我们应该从人类缺乏远见的教训中长些记性。回头来看，从个体人生中的过失到人类历史上的灾祸，很多错误已经有教训可循，很多错误都可以通过简单的逻辑分析避免，但它们还是一桩接一桩地发生了。试想，一个可以制造出光粒这么厉害的武器并将三体世界毁灭于举手投足之间的文明，会考虑不到太阳系的特点，让人类通过掩体就蒙混过关吗？如果当时章北海还在指挥人类舰队的话，会不会更有远见，让更多人类脱离太阳系向星空中远航呢？

结果，人类被歌者文明画到了一幅画里。这幅画只有画在雪浪纸上才有魔力，而这雪浪纸就是二向箔。当二向箔[98]开始运作，三维空间就会向二维跌落。正如《三体》中描写的：

太阳接触二维平面的一刹那，跌入二维的部分就在平面上呈圆形迅速扩展开来，很快，平面上二维太阳的直径就超过了三维太阳，这一过程只用了30秒左右，以太阳半径70万千米计算，二维太阳边缘的扩展速度竟达到每秒两万多千米。二维太阳继续扩大，很快在平面上形成了一片广阔的火海，三维太阳就在这血色火海的中央缓缓沉下去。

这个世界上真的会存在二向箔吗？当代物理对此还没有确切的答案。[99]所以，我们也无法断言当地球人最终变得像他们中的一些成员喜爱的二次元形象一样时会发生什么。和前文一样，我们用现今最流行的万物理论——弦论设想一下各种实现

---

98 严格来说，作为二维空间，"二向箔"应该叫"二维箔"，二维有四个方向，应该叫"四向箔"才对，而一维箔只有两个方向。但是"二向箔"这个词拥有脍炙人口的魅力，相信大家也没有因此有任何误解。

99 从全息原理的角度，黑洞的视界稍稍有点像二向箔。我们将在《从黑洞到黑域》一节中简述黑洞导致的空间"跌落"。

二向箔式降维打击的可能。

第一种可能是：膜的湮灭，让膜降维。[100] 按照弦论膜世界的观点，我们生活在三维膜上。三维膜像通常粒子一样，也存在它的"反物质"。如果膜和反膜湮灭，可以生成低维物体，比如宇宙弦。膜的湮灭问题在弦论里已经被充分研究过了。很多人猜想早期宇宙中曾发生过膜的湮灭（但并不是我们生活的这个膜）。不过，用膜的湮灭来解释二向箔，存在以下几个问题：（1）膜的湮灭过程太剧烈，会产生大量热量，可以说是一片火海，而不是把三维世界像一幅画一样印到更低维度上。（2）膜的湮灭在空间中扩展太快，甚至可以使整个宇宙几乎同时发生，很难像《三体》中一样，在太阳系中缓慢扩展。（3）膜的湮灭会产生低两维的膜，而不是低一维的膜，比三维空间低两维的膜只有一维空间，那可真是只有两个方向的箔了，这与《三体》中的描述不符合。

第二种可能是：动力学紧致化[101]，让一个空间维度变小。如果一些物理机制可以让我们空间中的一个维度不稳定，空间就会坍缩到更低维。空间的坍缩就好像一座大厦倒塌，从立体坍缩成平面一样。

第三种可能是："无之气泡"（Bubble of Nothing[102]），让一个空间维度彻底消失。李淼老师的《〈三体〉中的物理学》对此有详细介绍，本书就不赘述了。

按《三体》中的叙述，当一个文明对另一个文明进行降维打击时，发动攻击的文明最好先适应低维的生活，以免与对手同归于尽。那么，三维文明如何适应二维的生活呢？

维数的降低，对二维空间生物的神经元连结、循环系统排布等都提出了极大的

100　参见 Kofman, Yi. Reheating the universe after string theory inflation[J]. Phys Rev D. 2005; 72: 10–15。

101　参见 Carroll, Johnson, Randall. Dynamical compactification from de Sitter space[J]. Journal of High Energy Physics. 2009; 11: 094。

102　参见 Witten. Instability of the Kaluza-Klein Vacuum[J]. Nucl Phys B. 1982; 195: 481–492。

挑战。为了体现这种难度，我们可以用生物的吃饭、消化和排泄这个简单的过程举例子。霍金在《时间简史》里有些调侃地指出，二维生命无法体面地吃东西，因为吃饭、消化和排泄的过程就把二维生命切成两半了。

要想进食，二维生命或许只能像腔肠动物一样"有口无肛门"。吃饭这件简单的事情在二维都变得这么难，我们可以想象更复杂的神经系统、循环系统会麻烦成什么样子。

我们还可以联想到很多有关维度攻击的有趣问题。本节中我们已经谈了太多概念，就不详述这些问题了，只是把它们列出来。

（1）二向箔有可能忠实地记录三维空间的所有信息吗？由这个问题，我们可以追问到全息原理。全息原理是把三维世界中全部的信息画到一张二维的全息图上并被认为是打开量子引力大门的钥匙。有趣的是，萨斯坎德最初发表提出量子引力全息原理的论文时，配图中的全息屏幕真的有点像二向箔[103]。

（2）我们直到现在都在谈论空间的二向箔，那么存在时间的二向箔吗？为什么在我们的世界中时间是一维的，而不是二维或更高维呢？能有更高维的时间吗？

103　参见 Susskind. The World as a hologram[J]. J Math Phys. 1995; 36: 6377–6396。

这也是一个原则上可以讨论的问题。有理论物理基础的读者可以看一看脚注中的文献[104]。另外，克拉克的小说《2001太空漫游》中有在光中存在的生物，也可以看成是生存在一维时间和一维空间混合而成的二维有效"时间"（也就是光锥表面）中。

（3）前一章我们讨论过真空相变引擎。有没有可能通过额外维大小的改变实现相变，再实现真空相变引擎呢？对此，我们将在下一节《从黑洞到黑域》讨论，这或许是个通过真空相变引擎实现黑域的好办法。

（4）有没有一种可能：对于宇宙中大部分空间而言，空间中大的维度都是三维的（其余的维度很小），但在宇宙中不同的区域，大的维度不一样？例如，在我们附近，第1、2、3维很大，第4维很小；在其他一些地方，第1、2、4维很大，第3维很小？如果可能，这些空间的交界区域，是否看起来像通往另一个宇宙的入口？

从黑洞到黑域

大漩涡与小漩涡

在欧洲的西北边缘，有一个狭长的国家——挪威。在挪威的西北边缘，有一群狭长的岛屿——罗弗敦群岛。在罗弗敦群岛的最西边，有一座徒步6小时即可登上的小山——赫尔辛根山。登上赫尔辛根山举目远眺，除了零星的岛屿，就是一望无际的大西洋，让人有站在世界尽头的感觉。与赫尔辛根山隔海相望的是一个无人居住的小岛——默斯肯岛。在赫尔辛根山和默斯肯岛之间的大海上，分布着众多乱流与漩涡。这些乱流与漩涡中有一个最大的漩涡——默斯肯漩涡，它也是世界上非常强的海上漩涡之一。

默斯肯漩涡的直径为四五十米，因漩涡引起的水面高度差可达1米高，即使是

---

104 参见 Bars. Survey of two time physics[J]. Class Quant Grav. 2001; 18: 3113−3130。

现代船只在漩涡区域也会遭遇危险。默斯肯漩涡是由潮汐造成的。涨潮落潮引起的海面涨落迫使海水通过一道海脊，于是产生了这个大漩涡。凡尔纳在科幻小说《海底两万里》中，有点夸张地描写了这个大漩涡：

> 人们知道，当潮涨的时候，夹在费罗哀群岛和罗弗敦群岛中间的海水，奔腾澎湃，汹涌无比。它们形成翻滚沸腾的漩涡，从没有船只驶进去能够脱险出来。滔天大浪从四面八方冲到那里，形成了很恰当地被称为"海洋肚脐眼"的无底的深渊，它的吸引力一直伸张到15千米远。在深渊周围，不只是船只，而且还有鲸鱼，甚至还有北极地带的白熊，都不能例外，一齐被吸进去。

你可能猜到我在说什么了，这就是《三体》中云天明的谜题"赫尔辛根默斯肯"。在赫尔辛根山和默斯肯岛之间，

> 那里有一个大漩涡，能吞掉所有的船。

为什么大漩涡能吞掉所有的船呢？其实，我们也可以在家里自己制造一个小漩涡[105]，而且你可能每天都在制造这样的小漩涡。当你把浴缸或洗手池的塞子打开的时候，当你使用抽水马桶的时候，当你给鱼缸换水的时候，你都在制造小漩涡。就以给鱼缸换水为例吧。池子里的水通过一个狭小的换水管道流走。离管道越近，水向管道里流的速度越快。假如说有一条小笨鱼，游的速度不快，还喜欢来换水管道旁边凑热闹，那么小笨鱼就会遇到一个麻烦：当小笨鱼离换水管道较近时，水朝向管道流动的速度大于小笨鱼游泳的速度。就算这条小笨鱼竭尽全力地往外游，也没办法游出这个区域。让我们记住这条小笨鱼逃不出这个区域的界限。稍后我们将看到，黑洞也具有同样的道理。

---

105 为什么向一个特定地方（例如下水道）汇聚的水流经常会出现一个漩涡？这是因为角动量守恒。当水流汇聚的时候，除因黏滞力造成的损失外，角动量倾向于守恒。角动量等于距离乘以旋转速度。当水离下水道入口近了，距离减小，旋转速度就要增加了。在宇宙中，恒星、黑洞、星系都常常有旋转，也是由引力坍缩过程中角动量守恒造成的。

黑洞

在广义相对论中，物质告诉时空如何弯曲。比如，我们感受到地球的引力，在牛顿力学中用万有引力来解释；而在广义相对论中，引力的效应则可以看成时空弯曲的结果。这种时空弯曲的形式，具体体现为随着时间变化，空间[106]向着地心跌落。不过地球的块头太小了，所以空间向地心跌落的速度不太快。只要火箭能达到逃逸速度11.2千米/秒，就可以彻底逃脱地球导致的空间跌落，飞向太空了。

恒星的质量比地球更大，其引力也更强，也就是说，恒星质量造成的空间跌落效应也更显著。在恒星死亡前，核反应可以让恒星维持很高的温度。温度是微观物体热运动的量度。温度很高意味着恒星里的物质，比如原子核和电子运动速度很快，不会被恒星的引力吸引得掉到恒星中心。[107]而恒星死亡后，内部的热核反应停止，恒星的温度随着散热而下降，原子核和电子运动速度减慢，就会被恒星的引力吸引，掉落向恒星中心。这个具体过程很复杂，可能伴随物质压力造成的反弹，甚至伴随超新星爆发等。如果恒星足够重[108]，那么恒星中心的一部分物质会无限向内坍缩。在无限坍缩的物质周围，引力越来越强，也就是说空间向内跌落的效应越来越强。最后，如果连光也无法从跌落的空间中逃逸出来，那么就没有任何物质能从这个空间强烈向内跌落的区域里面逃出来了，因此这个区域看起来就完全是黑的[109]。这个区域就是黑洞。这个区域的边界叫作黑洞的视界，也就是说，由于黑洞里面的光逃不出来，我们看不到黑洞里面；黑洞的视界表面是我们看黑洞的时候能看到的最"深"的界限。

106　这里的空间，具体指自由下落坐标系，也就是推广的惯性系。

107　这里我们是从微观的角度理解恒星。如果从宏观的角度，我们可以想象恒星内部的光为恒星提供辐射压，使得恒星不能向内坍缩。

108　否则，恒星的坍缩可以终止于白矮星（太阳的最终命运）或中子星。

109　但是，当考虑量子力学的时候，在这个区域的附近（也就是靠近这个区域的外部）仍然会发出暗淡的辐射，就是霍金辐射。因此黑洞会损失能量和质量，这个过程称为黑洞蒸发，又叫霍金蒸发。

　　读到这里,你可能看出了黑洞和我们前面讨论的鱼缸换水产生的漩涡之间的联系:空间的跌落就好比鱼缸里的水被抽走,逃不出黑洞的光就好比逃不出漩涡的小笨鱼。小笨鱼能逃出或逃不出漩涡的界限,就是黑洞的视界。

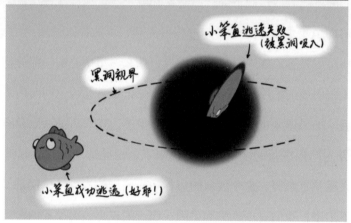

黑洞的视界

　　在《三体》中,刘慈欣如此描写默斯肯漩涡的边界:

　　那是一条波动的浪带,浪尖上有泡沫,形成一条白线,以一个大大的弧形伸向远方。

　　像小笨鱼逃不出漩涡一样,光逃不出的边界就是视界。黑洞的视界半径与黑洞的质量成正比。

$$黑洞的视界半径 = 2 \times 牛顿引力常数 \times 黑洞质量 / 光速^2$$

因为光（和引力波）是世界上最快的物体。所以如果连光也逃不出视界内部的区域，那么世界上所有东西都无法从视界里逃出来。所以黑洞的视界可以看成一张"单向膜"，只能进、不能出。

黑洞的奇点

在《三体》中，默斯肯小岛的唯一居民杰森说：

"死亡是唯一一座永远亮着的灯塔，不管你向哪里航行，最终都得转向它指引的方向。一切都会逝去，只有死神永生。"

虽然默斯肯的灯塔并不在大漩涡的中心，但是杰森的这段话不仅为《三体》的第三部定名，还仿佛在描述黑洞的奇点。在黑洞的"中心"，有一个所有空间及空间中的所有物质向内跌落的终点，即黑洞的奇点。这里我们给黑洞"中心"打上了引号，因为"中心"通常是空间上的一个点。但是，当一个人掉到黑洞视界里面之后，他的时间和空间（向内的那个空间方向）概念和我们在黑洞视界之外的人是不同的。所以，我们看起来好像是在黑洞中心的奇点，对于掉落进黑洞的人而言，其实是这个人的未来。一个人无法逃避未来。掉入黑洞的人的必然未来，就是掉到奇点，在奇点附近被强大的引力潮汐效应撕裂。"一切都会逝去，只有死神永生。"

好在我们并没有生活在黑洞里，我们的未来还不可限量。

擦肩而过的1000万年

"茫茫人海，我们相遇"，在空间中，两个人相遇是一件很不容易的事情。但是，在时间中，我们的相遇就容易了吗？

在相对论诞生之前，人们认为时间是绝对的。我们既然是生活在同时代的人，就一直在同一个时代生活下去，所以我们在时间中一直是"在一起"的，无所谓相遇与否。但是，相对论打破了绝对时空观。在电影《星际穿越》中，在黑洞旁边稍稍耽搁了一下，地球上的世界就过了几十年。如果你要在黑洞附近停留一会儿，就要用极快的加速度抵御周围的空间跌落。这确实让你的时间相对于远处的别人的时间来讲是飞速流逝的。如果未来人类掌握了接近光速旅行的能力[110]，或者到黑洞附近旅行的能力，那么我们看待时间的方式将彻底发生变化。两个人在时间中相遇，变得像在空间中相遇一样困难。这正如《三体》中描写的：

> 程心把最后一个数字的位数数了三遍，然后默默地转身走出穿梭机，走下舷梯，站在这紫色的世界中。一圈高大的紫树围绕在她周围，一缕阳光把小小的光斑投在她的脚边，温湿的风吹起她的头发，透明小气球轻盈地飘过她的头顶，一千八百九十万年的岁月跟在她身后。

> 程心，我们错过了。

时间的相对性，本来是相对论中入门的、最简单的效应。但是这种打破绝对时间的观念和星际旅行的幻想结合起来，给人的感受是史诗级的。"一失足成千古恨，再回头已百年身。"100年已给人沧海桑田的感觉。而想象世界上每个人的百年身在宇宙百亿年尺度的时光中穿插交错，带给人的震撼难以言表。

环日加速器：能用加速器制造黑洞吗？

在《三体》的掩体纪元，最大的基础研究成果是哪里来的呢？曹彬向休眠苏醒的程心介绍说：

> "六十年来，基础研究真正的成果是环日加速器的诞生，而它的出现，直接导致了黑域计划中最大规模的研究项目——黑洞项目的实施……在实验室中产生局部

---

110 在接近光速运动时，相对论的"钟慢"效应会很明显。如果你对此感兴趣，可以了解一下双生子佯谬的相关知识。

强引力场极其困难，唯一可能的途径是黑洞，而环日加速器能够制造微型黑洞。"

看到这里，你可能想问几个问题：加速器是什么？人类能用加速器制造黑洞吗？要制造黑洞，地球上的加速器不行吗？为什么要"环日"加速器？

顾名思义，加速器就是让电子（或质子等其他带电粒子）加速的装置。如果电子具有很高速度，它们就具有很高能量。让这些高能粒子对撞，观察对撞产物，是物理学家研究高能粒子物理的主要手段。加速器通常分为直线加速器和环形加速器。直线加速器使用电场加速电子，让电子沿直线运动；环形加速器则使用磁场约束电子，让电子可以在磁场中做圆周运动，以反复加速和重复使用。

在两个电子对撞过程中，只要电子的能量足够高，就可能让两个电子接近到它们能量所产生的黑洞视界之内。这样，黑洞就产生了。不过，要让两个电子对撞产生黑洞，需要把大量电子加速到0.999 999 999 999 999 999 999 98倍光速。这比目前人类能达到的能量高10多个量级。现在，人类还远远不能用加速器产生黑洞。

要用加速器产生黑洞，就要把电子加速到更高的速度。你可能会问：可不可以在地球上造个不太大的加速器，里面使用极其强大的电场和磁场，把电子加速到产生黑洞所需的速度呢？很不幸，这是办不到的。因为，如果电场或磁场太强，就会让真空不稳定，自发产生出正负电子对来中和电场或磁场，降低电磁场的强度。因此，最强的稳定电场不能超过10的18次方伏特/米。受到电场强度的限制，理论上为了让电子加速器撞出黑洞，需要的直线加速器至少有一个日地距离那么长。使用磁场做加速器也要考虑相关的限制。所以，别说把加速器放到地球上，就算放到地球的卫星轨道上也放不下，只好将其放到太阳轨道上了。这就是《三体》里提到的"环日加速器"。

假如人类拥有了黑洞，人类拥有了什么？

无论把什么东西扔进黑洞，在物质掉入黑洞的过程中，物质都会不断互相摩擦挤压发光。这些光线的能量可以当作能源（或者推动光子火箭的推力来源）。而转动黑洞还可以更有效地将掉入黑洞的物质转化成能源。这些黑洞一点儿也不"挑食"：无论你扔进黑洞的是什么东西，它都可以转化为能量，就算你扔进黑洞的是垃圾也可以。从这个角度看，一旦人类拥有黑洞，就可以一举解决两大世界难题：能源问题和垃圾处理问题。黑洞是世界上最有效的垃圾发电站。

另外，如果将微黑洞"武器化"，那么即将因霍金蒸发完全消失的微黑洞，将是几乎无法拦截的定时炸弹。或许，这也可以为科幻提供一些有趣的想法。

黑域：随空间变化的光速？

在黑暗森林的推演中，非常引人入胜的概念之一就是"黑域"。一个文明如果已经暴露了自己的坐标，为了避免更高级文明的打击，除了大举移民到其他星系，另一个自救的办法就是让自己变得无害。《三体》中这样形容黑域：

有一颗遥远的星星，那是夜空中一个隐约可见的光点，所有望了它一眼的人都说：那颗星星是安全的。

如何制造黑域呢？《三体》中给出的答案是改变光速。如果能把太阳系的光速降低[111]，那么太阳系就变得像黑洞一样。一旦黑域形成，没有任何东西能再逃出太阳系，包括光。这就是黑域。在第二章《飞向群星》中，我们介绍了一种"真空相变引擎"，利用引擎的航迹改变光速，就可以制造出黑域了。

但是，黑域还存在两个麻烦。

第一个麻烦是：黑洞内部有个奇点。人类如果造出一个黑域，自己跑不出去，却很快掉到黑域中心的奇点上，那就是作茧自缚了。如何让黑域的内部没有奇点？

---

111 这里需要把光速降低，同时仍然保持光速是所有物体中速度最快的。也就是要把所有其他速度也降低。另外，《三体》中称，如果让黑域半径为50个天文单位，需要把太阳系的光速降低至每秒16.7千米。事实上我们还要降得更多。因为每秒16.7千米是地球上的第三宇宙速度，而50个天文单位大的黑域对应的逃逸速度要小得多。

为广义相对论添加一些新物质源，或进行一些切割缝补操作，可能可以去掉黑洞的奇点。这些方法或许可以去掉黑域里的奇点。不过这些方法并不是标准广义相对论的一部分，我们就不详细介绍了。[112]

第二个麻烦是：由于我们不仅要改变光速，也要限制所有其他物体的运动速度不能超过新的光速，这就必须降低电子在原子里运动的速度。电子在原子里的速度小了，动量的不确定性也就小了。根据量子力学的不确定性原理，电子的位置就会更加不确定。也就是说，电子在原子里的运动范围就会增大，这意味着原子的半径必须增大。因此，对生活在黑域里的人类而言，不仅宇宙变小了，而且原子变大了，这对人类的生存空间来说是双重打击。对于这个麻烦的详细讨论及改变光速对物理定律的影响，可以参见李淼老师的《〈三体〉中的物理学》。

黑域：随空间变化的引力？

既然改变光速会让原子膨胀，从而压缩人类的生存空间，那么有没有可能制造一个黑域但是不让原子膨胀呢？我们可以让太阳系的一部分空间中的引力变强来达到这一点。如果太阳系的引力局部增强，使得太阳系形成一个黑洞，那么这或许也是实现黑域的一种形式。

你可能会说，引力强度是恒定的，怎么能变强呢？确实，目前还没有科学证据表明，引力强度可以随空间而变化。但是，物理学家确实在研究很多关于引力强度可以变化的假说。比如前面我们讨论的维数战争，刚好可以提供一种改变引力强度的手段。[113]

在现实世界中，我们注意到：引力比任何其他基本力都弱得多。当你用磁铁吸

---

112 参见 Hayward. Formation and evaporation of nonsingular black holes[J]. Phys Rev Lett. 2006; 96: 3-27。

113 虽然物理学家早就知道额外维大小与引力强度的关系，但是，这篇关于毫米额外维的文章引起了大家对额外维与引力的广泛关注：Arkani-Hamed, Dimopoulos and Dvali. The Hierarchy problem and new dimensions at a millimeter[J]. Phys Lett B. 1988; 429: 263-272。

铁时,你有没有惊叹引力竟如此之弱呢?假想你就是那个被磁铁吸起的小铁球,你的一边是巨大的地球,通过引力拉着你;另一边是一块小小的磁铁,通过磁力拉着你。你居然义无反顾地背离巨大的地球,向小小的磁铁飞去。由此可见,引力实在非常弱!那引力为什么这么弱呢?

大额外维理论认为,如果额外维比较大,那么高维的引力本来可以很强。但是,因为引力散发到额外维里一部分,所以我们三维世界中的引力才这么弱。所以如果通过类似降维打击的手段,把太阳系附近的额外维变小,这样,太阳系的引力就变强了。如果这样形成黑域,我们就没必要承受低光速为我们带来的麻烦。

我们的宇宙是个"安全声明"吗?

在前文中,为了制造黑域,我们考虑了改变光速和改变引力,它们都不是目前标准科学理论的一部分,而是一些猜想与一些逻辑可能性。那么,这个世界是否真的存在"黑域"呢?

如果黑域就是文明"跑不出去"的区域,那么宇宙中还真的存在黑域,这个黑域就是我们的可观测宇宙本身。目前,我们的可观测宇宙加速膨胀,最简单的理论[114]认为,宇宙的加速膨胀会一直以现在的方式存在下去,于是像黑洞一样,我们的可观测宇宙也存在视界,我们无法跑出去,可观测宇宙之外[115]的文明也跑不到我们的宇宙中来。因此我们的可观测宇宙还真满足黑域的条件。

当然,根据标准的科学理论,"我们的可观测宇宙像黑域"只是物理规律造成

---

114 驱动宇宙加速膨胀的能量是暗能量。最简单的理论认为暗能量是宇宙常数(严格说是真空能和宇宙常数的混合体)。目前用宇宙常数解释暗能量不仅理论上简单,也最能符合实验。不过这个理论存在精细调节问题,也就是需要巧合,我们将在《物理学不存在?》一章中讨论这个问题。

115 我们的可观测宇宙只是整个宇宙的一部分。这是因为宇宙寿命有限,光速也有限,所以我们只能看到宇宙中有限的范围。

的一个巧合。更巧合的是，为什么宇宙开始加速膨胀的时间，和星系、恒星能稳定存在，也就是说智慧生命能产生的时间大致同步？一般认为，这更是个无法解释的巧合。但是，如果我们沿着《三体》的世界观开些脑洞的话，是否可以假想，我们的宇宙真的是一个"安全声明"呢？有没有一种可能，宇宙中的某些智慧生命认怂了，为了让我们可观测宇宙的部分看起来是安全的，启动了宇宙的加速膨胀？当然，这并不是标准科学理论的一部分，只是科学与科幻结合的幻想而已。

我们经常感叹：宇宙太大，光速太慢，所以我们无法畅游宇宙。但是，我们是否也可以换一个角度去想，与庞大的宇宙相比，缓慢的光速是否也可以看成是对新生文明的一种保护呢？假如光速无限大，高级文明瞬间就能殖民宇宙，这样的宇宙或许就不再有新生文明发展的机会。这样的宇宙或许是单调的。甚至我们猜想，是不是没有光速的限制，就没有我们人类的存在呢？

平行宇宙

科幻小说中经常有关于平行宇宙的幻想。而在《三体》中，无论是改变空间维数还是改变光速，都有些平行宇宙的意味。那么平行宇宙存在吗？

要讨论平行宇宙是否存在这个问题，我们首先要搞清楚什么是平行宇宙。其实，在不同语境下，平行宇宙有着不同的含义。要讨论平行宇宙存不存在，我们要在不同含义下讨论。

天外有天

我们的可观测宇宙是有限大的。这是因为宇宙年龄有限，光速也有限。离我们足够远的地方，即使在宇宙刚诞生时就向我们发射光信号，现在光信号也还没到达我们这里，所以这些地方我们没法观测到。我们只能观测到直径约900亿光年[116]的有限区域。

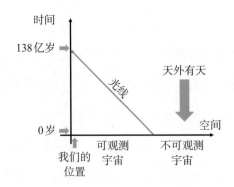

那么，我们的可观测宇宙之外是否存在空间呢？严格来说，这个问题介于物理学的边缘。因为物理学是基于实验的科学，对于我们无法观测的那部分宇宙[117]，无论我们对它的状态做什么物理预言，都无法用观测来验证，所以谈论这个问题稍稍有点"玄"。

不过，我们还是认为可观测宇宙之外存在空间。这是因为物理学规律可以非常好地解释我们目前看到的宇宙，所以我们相信，把物理学规律稍稍外推到大一点的空间范围，应该不会立即失效。虽然在逻辑上无法证明这一点，但无论是我本人还是我所知的任何相关领域研究人员，都相信我们的可观测宇宙之外还是有空间的，并且这部分空间，至少离可观测宇宙不远的这部分空间的物理性质，和可观测宇宙里面一样。

"可观测宇宙之外还存在空间"，如果这可以被认为是多重宇宙的最保守含义的话，那么多重宇宙应该是存在的，并且这也是唯一我们已知存在的平行宇宙。以下，

116 宇宙的年龄是138亿年，为什么可观测宇宙的直径达900亿光年呢？这是因为宇宙在膨胀。光在膨胀的宇宙中穿行，穿越了比在静止宇宙中更多些的距离。本书"宇宙膨胀是否超光速"的部分对此有更多的解释。

117 由于宇宙现在处于加速膨胀之中，我们现在无法观测到的那部分宇宙可能未来也永远无法观测。

我们将讨论平行宇宙的其他可能性，但是它们在学术上还处于争论之中，我们讨论的只是在物理学与科幻的结合点上，可观测宇宙之外的空间的各种可能。

天外有多大的天？

现在我们知道了"天外有天"。不过，如果我们问一些更较真的问题，比如可观测宇宙之外到底有多少空间？宇宙到底有多大？那么我们就只能通过猜测得到答案了。

按目前理论上最简单也最能符合实验的宇宙学模型，宇宙是无限大的，空间像一张无限大的白纸一样，以平坦的形式无限延展，而不是像球面一样最后封闭起来。当然，我们对此无法确证。就如很大的球面上的一只蚂蚁，这只蚂蚁大概会认为球面是无限大的平面，就像古人认为地球是平的一样。也就是说，球面的一小块，只要足够小，看起来就足够像平面。如果我们的可观测宇宙只是巨大球面的一小块，我们无法通过实验来搞清楚整个宇宙到底是平面还是球面。

不过，假如我们坚持最简单的理论，假设宇宙是平的，体积无限大，或至少对我们想问的一切问题而言，体积足够大。[118] 而且在这足够大的体积中，物理定律与我们可观测宇宙里的定律都相同（我们在后文中会再讨论物理定律不同的情况）。那么，会出现什么样的现象呢？

如果将每个人看作原子的排列组合，那么在无穷大的空间中，原子相同的排列会反复出现。具体来说，人体由大约10^{28}个原子组成，那么只要宇宙中的原子数目大于10^{28}的阶乘[119]，那么从概率上讲，宇宙中就可以存在一个和你一模一样的

118　这种坚持除简单以外，也有一些理论依据。在暴胀宇宙学里，宇宙即使不是完全无限大，宇宙的空间体积也很容易就比可观测宇宙大指数多倍，例如10^{100}倍或更大。另外，不仅平坦的宇宙无限大，负曲率的宇宙（像马鞍一样的双曲面）也是无限大的。

119　例如以每100千克质量所占体积作体积单位。

人。[120] 如果宇宙空间真的无穷大，里面的物理规律都一样，那么宇宙中可以平行地存在无穷多个你。你在世界上的任何遗憾，都有平行宇宙中的无穷多个你为你弥补了；你在世界上的任何梦想，都有平行宇宙中的无穷多个你为你实现了；只是你无法知道而已。

天外有"几重天"？

前面我们讨论的都是宇宙空间中所有地方的物理定律都相同的情况。那么，有没有可能在比可观测宇宙大得多的区域内，宇宙连物理规律也与我们可观测宇宙的物理规律不同呢？

目前"万物理论"最流行的候选者是弦论。在弦论中，存在极多不同物理规律的可能性。我们将在《物理学不存在？》一章中详细讨论弦论中可能容纳的不同物理规律。那么，我们能否从实验上验证这种连物理规律都不同的平行宇宙呢？没法直接验证，因为这些平行宇宙不在我们的可观测宇宙中。但是，我们或许可以有间接验证平行宇宙存在性的方法[121]：检验在我们可观测宇宙中是否有空间区域，里面的物理定律与其他地方不同。这些空间区域就像《三体》中的四维碎片或黑域一样，可以看成是平行宇宙撒在我们宇宙中的"碎屑"。

除了《三体》里提到的空间维度的数量、光速，还有什么物理规律可以在平行宇宙中改变呢？在弦论里，通过修改额外维的大小和形状，以及修改额外维中的物

---

120 当然，如果仔细考虑，我们不能简单把人看成这些原子的排列组合。因为（1）需要考虑不同原子；（2）同一种原子内部的顺序需要除掉；（3）人体的原子结构不是一维的链，而是三维的；（4）生命体信息存在大量冗余性；（5）现在还不清楚人脑中是否涉及量子计算的更多信息……但是，在指数大的空间里，按概率总会出现一模一样的你。这些问题只影响指数的具体大小，但不影响结论。

121 这个间接验证方法只是可以增进不同物理规律的平行宇宙存在的概率而已。它既不是充分条件，也不是必要条件。

质分布，还可以改变很多其他自然常数或物理规律，例如引力的强弱、宇宙常数的大小、空间的拓扑结构、空间的几何形状、物质的质量、相互作用的种类、相互作用的强度、基本物体的维度（点粒子、弦或者膜）等。这些基本物理规律的改变，又会引起一大批衍生物理规律的改变，从而在平行宇宙中为我们呈现出完全不同的物理、化学、生命科学等规律。

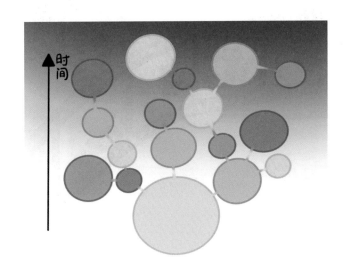

量子多世界

目前，我们对平行宇宙的讨论还没有包括量子力学。量子力学为平行宇宙创造了崭新的可能性——量子多世界。量子多世界在《三体》的世界观里并未出现，所以这里我们只简述一下。

虽然现在我们对量子力学基本规律的数学形式已经理解得很清楚，但是如何直观理解量子测量？量子测量的时候究竟发生了什么？为什么测量一个量子状态会导致随机的结果？什么是量子波函数的"坍缩"？量子测量为什么会导致量子波函数的坍缩？对于量子测量的理解，目前还处于争论之中。对于量子测量现象的不同理解称为量子力学的不同诠释。

在量子力学的众多诠释中，有一种特别有趣，并且正在变得越来越流行，这就是"量子多世界"诠释：每次测量（或类似测量的相互作用），世界都会分叉。分叉后的"平行世界"处于和我们同样的时空中，但是我们不再能感受到它们。

既然在量子多世界中，别的"分叉"和我们共同处在同一时空中，我们为什么感受不到它们呢？这是因为量子力学是一个线性的理论，不同的"分叉世界"就好像水面上沿不同方向传播的波动一样，彼此不互相影响，所以无法感受到对方的存在。如果量子多世界的诠释是对的，那么此时此刻，有无数人和你占用同一份物理空间，也有无数人正站在你面前。

世界上最遥远的距离，不是生与死的距离，而是站在彼此面前，却无法相知。

时间之外

我们已经讨论了很多关于平行宇宙的内容，但是我们的讨论还都限制于时间之内。是否存在更广泛意义的多宇宙，像《三体》中设想的那样存在于"时间之外"呢？

647号宇宙

在《三体》中，当程心和关一帆进入647号宇宙时，

他们已经在另一个时间之中了。

如果把地球的陆地表面看成二维时空的"宇宙"，而把海洋看成连空间都没有的"虚空"，那么地球的陆地表面就是一个个不连通的宇宙，里面有大块陆地，也有小岛。程心的宇宙，就类似于其中的小岛之一。这些小岛宇宙与我们是不连通的。我们甚至无法定义它们是不是移动的。

世界上有可能存在这种与我们不连通的宇宙吗？其实这个问题提得不大准确，因为即使它们存在，它们的存在也超越了"世界上"所包含的含义了。如果这些宇宙彻底不与我们相连，我们实在不知道如何在物理上谈论这些宇宙[122]。不过正如《三体》中描写的，这些宇宙可能与我们通过"宇宙之门"建立起联系。物理上，这种"宇宙之门"可以通过虫洞来实现[123]。也就是说，假如虫洞可以存在，虫洞不仅可以让我们在我们自己的宇宙中穿越时空，也可以让我们穿越到不同宇宙。

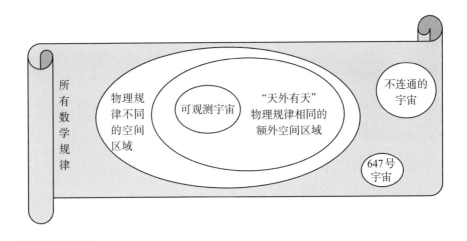

---

122 或许这些宇宙仍可以在概率统计的意义上，例如谈论什么样的物理定律概率最大这种意义上，与我们有关。

123 参见 Coleman. Why There Is Nothing Rather Than Something: A Theory of the Cosmo-logical Constant[J]. Nucl Phys B. 1988; 310: 643−668。

存在具有不同数学规律的宇宙吗?

如果时间之外与我们不相连的宇宙也可以存在,那么或许在探索平行宇宙的概念时,我们需要进一步扩大我们的想象。

例如,我们宇宙中的时空坐标是实数表示的,那么存在八元数、四元数和复数的宇宙吗?存在有理数、整数或自然数的宇宙吗?[124] 有没有一种可能,像《三体》里描述的,智慧生命通过改变数学规律来进行战争,把宇宙从八元数一路降到了实数,未来可能还会降到有理数、整数、自然数?这种降低数学结构的"降数打击",好像比"降维打击"还要更厉害一点。

你可能觉得只有自然数的宇宙难以想象。但是我们可以通过两个例子来想象只有自然数的宇宙。

第一个例子:约翰·康威在1970年提出的"生命的游戏"。考虑二维无限格子上的点,我们称每个格点为一个"元胞"。每个元胞有两种状态:死或者活。既然元胞生活在二维格子上,元胞世界的空间就是由两个自然数来表示的。元胞世界的时间也是离散的,由一系列离散的时刻 $t=0, 1, 2\cdots$ 构成。讨论这些时刻之间,比如 $t=0.5$ 没有意义。

在康威的"生命游戏"中,元胞死或者活的规则如下。

(1)如果在时刻 t,元胞有3个活邻居,则元胞在时刻 $t+1$ 是活的。

(2)如果在时刻 t,元胞是活的,并有2个活邻居,则元胞在时刻 $t+1$ 是活的。

(3)如果在时刻 t,活邻居的数目是其他数字,则这个元胞在时刻 $t+1$ 是死的。

对这个看似简单的"生命游戏"而言,当我们在 $t=0$ 时刻给定不同的初始条件,则这些"生命"随时间的演化体现出无法判定的、极其复杂的特性。例如这些"生

---

124 在有理数和整数的宇宙中,我们无法做坐标轴的旋转,因为有理数坐标在旋转过一个角度后就不再是有理数了。所以,如果我们希望空间旋转对称性成立,实数应该是必须的。但是,既然我们的思路已经拓展到了连数学规律都可以不同,谁还在乎有没有旋转对称性呢?

命"会演化出复杂的结构,甚至可以自我繁殖。下图是我们给出的"生命游戏"的一个例子[125],图中的黑色是活元胞,白色是死元胞,图的边界满足周期性边界条件。

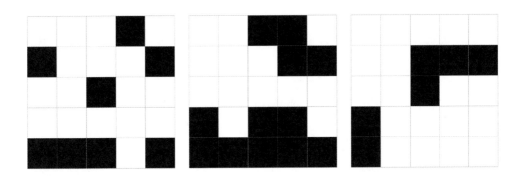

你可以很容易在互联网上找到关于康威"生命游戏"的大量动画,其中呈现了"生命游戏"所能容纳的复杂结构。

如果你认为第一个例子太单调,那么第二个例子就更让人浮想联翩了。让我们考虑计算机模拟。计算机[126]内部的信息与处理信息的方式都是基于0和1的。所以,计算机本质上可以看成一串数字和对数字的操作。如果在计算机里模拟一个宇宙,就算这个宇宙再复杂,它的数学本质也是基于离散的自然数的。甚至,有人曾经发问,我们是否也像一些科幻电影中描绘的一样生活在一个计算机模拟的世界里面?假如真的如此,我们的世界也只是看起来像是基于实数而已,而本质也是基于自然数了。

CPU 中的宇宙和硬盘里的宇宙?

既然我们已经谈到了计算机模拟中的宇宙,那么我们不妨进一步发问:如果计

---

125 注意,这里我们使用了周期性边界条件。也就是说,最右边的元胞和最左边的元胞也是邻居,最下边的元胞和最上边的元胞也是邻居。

126 这里特指以二进制为基础的经典数字计算机,不包括模拟计算机,也不包括量子计算机。另外,在本质上,其实"生命游戏"的例子和计算机模拟的例子没什么区别。这是因为在计算理论上,无限网格的"生命游戏"是图灵完备的,可以作为一台计算机使用,只是输入、输出和编程并不直观而已。

算机模拟中的宇宙可以"存在"，那么它什么时候才"存在"呢？如果计算机在一步步运算时这个宇宙才存在，那么这个宇宙存在的关键在于计算机的CPU（中央处理器）吗？

CPU对这个宇宙的存在真的重要吗？CPU只是负责把一个时刻宇宙的状态，转换成下一个时刻宇宙的状态罢了。如果我们已经提前做好了运算，把结果存储在硬盘里，之后我们像放电影一样一帧一帧地把算好的结果"放映"出来，那么在这个放映的过程中，这个宇宙是否还存在呢？

退一步讲，放映的过程只是这个宇宙被外在的人类看到而已。如果我们不去放映，那么计算结果躺在硬盘里的时候，这个宇宙还存在吗？

再退一步讲，如果计算结果的数据不是躺在硬盘里，而是写在纸上，或者是猴子从打字机上碰巧打印出来了，这个宇宙还存在吗？

继续退一步讲，如果哪里都没有写出这个计算结果的数据。但是作为方程的解，即使没有任何人或计算机算出了这个方程的解，它仍已经确定地存在于数学结构中了，那么这个宇宙还存在吗？

如果我们这样追问下去，假如某一步计算机模拟中的宇宙可以算"存在"的，那么我们实在弄不清楚，哪一步的宇宙算存在，哪一步的宇宙不算存在。我们甚至觉得我们并不理解什么是"存在"。确实，当代的物理学只能解释已经存在的宇宙的运行规则，并不能为我们回答到底什么是"存在"。

第四章

从秦始皇到计算机

冯·诺依曼指着下方巨大的人列回路开始介绍:"陛下,我们把这台计算机命名为'秦一号'。"

刘慈欣说:

"好的科幻小说应该使人们感受到宇宙的宏大,让他们在下夜班的路上停下来,长久地仰望星空。"

《三体》不仅让我们有了仰望星空的冲动。当你读到《三体、牛顿、冯·诺依曼、秦始皇、三日连珠》这一章的时候,你有没有一种把计算机关掉并拆开盖子,仔细地观察CPU和主板的冲动呢?

本章导读

本章我们就来观察CPU和主板,谈一谈计算机的原理。我们将讨论计算机的"心脏"CPU是怎么工作的?在本章的最后,我们也会聊一下和《三体》相关的信息自解译问题。

秦始皇的计算机

冯·诺依曼是谁？他和计算机有什么关系？

当汪淼又一次进入"三体"游戏时，他和牛顿、冯·诺依曼一起去找秦始皇，制造计算机来解决三体问题。冯·诺依曼是谁？他为什么在"三体"游戏的第二级中可以与牛顿并称？

冯·诺依曼出生于1903年，从小就展现出了非凡的天赋，6岁时就可以心算两个八位数的除法，8岁就学会了微积分。长大后，他被称为最后一位同时擅长纯数学和应用数学两个领域的大数学家。除数学外，他还建立了量子力学的数学基础，研究了自我复制的生命模型（元胞自动机）及参与了制造原子弹的曼哈顿计划。在本书中，我们主要谈论他在计算机领域的贡献。冯·诺依曼开创了现代计算机的架构，研究了人工智能，提出了技术奇点的概念。

冯·诺依曼提出[127]，计算机系统可以分为中央处理器（CPU，包括控制器和运算器）、存储器、输入和输出设备。这就是广义意义上的冯·诺依曼架构[128]。现代计算机仍采用冯·诺依曼架构。

---

127 历史上，一项技术的发明经常很难归功到某个人头上。普雷斯伯·埃克特和约翰·莫奇利都对冯·诺依曼架构作出了开创性的贡献。

128 在狭义上，冯·诺依曼架构也包括指令和数据在存储上不做区分、由统一总线输送到CPU中的具体设计方案。这一设计区别于将指令、数据分别对待的哈佛架构。从这个意义上，现代计算机可以说是冯·诺依曼架构与哈佛架构的混合架构。这是因为在多数现代计算机，例如个人计算机和手机中，数据输入CPU的时候，确实是指令和数据统一输入的。但是在CPU内部进行缓存的时候，为提高效率，指令和数据分别存储在指令缓存和数据缓存中。另外，大家可能感觉，把冯·诺依曼架构和哈佛架构并称有点奇怪。确实，科学技术发现的命名经常是混乱的，有时以人物命名（还经常张冠李戴），有时以地点或研究所命名，有时以科学技术发现的具体含义命名。并且，对发现的具体含义理解得越透彻，往往就越容易以含义命名，因此会导致历史上有人明明做出的工作更好，人反而更不出名的奇怪情况。

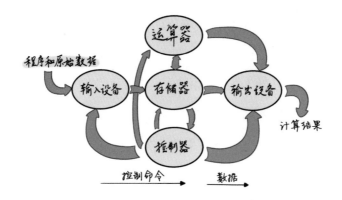

逻辑门

冯·诺依曼架构里面的几个大件，每个都是体现人类技术巅峰的产物。不过，我们或多或少能想象出存储器、输入设备和输出设备是如何工作的。在计算机系统里，CPU是最神秘的部件。这就好比虽然我们人类的肌肉运作体现了自然界的鬼斧神工，但是大脑的运作更神秘一样。那么，CPU是怎么运行的呢？不积跬步，无以至千里。我们先从CPU中最关键的基本单元——逻辑门说起。

牛顿不知从什么地方掏出6面小旗，三白三黑，冯·诺依曼接过来分给三名士兵，每人一白一黑，说："白色代表0，黑色代表1。好，现在听我说，出，你转身看着入1和入2，如果他们都举黑旗，你就举黑旗，其他的情况你都举白旗，这种情况有3种：入1白，入2黑；入1黑，入2白；入1、入2都是白。"

这就是一种逻辑门：与门。

首先，这里只有黑色和白色两面旗。"每个数位只有两种状态"是计算机里最简单的表示数学的方法，这就是二进制[129]。除了了解计算机的工作原理外，懂二进

129　但是二进制也不是计算机唯一可以采用的进位制。比如苏联就曾制造过三进制计算机。另外，现代的固态硬盘为了降低成本，也经常在一个存储单元里，不是用有没有电子实现0和1，而是用存储单元内电子的多少来实现MLC（每个存储单元具有4个状态）、TLC（具有8个状态）和QLC（具有16个状态）等。这对应四进制、八进制和十六进制。它们和二进制之间的换算很简单。

制还有一个好处，就是可以看懂一个笑话：这个世界上有10种人，懂二进制的和不懂二进制的。

牛顿描述的"与门"做了件什么事情呢？如果我们把白色想象成逻辑上的"假"（就是"错"），黑色想象成逻辑上的"真"（就是"对"）。现在，我们有两个输入端"入1"和"入2"，输出端"出"的含义是："'入1'与'入2'皆为真"这个命题的真伪。

除了用语言描述及用逻辑直观理解外，与门还可以用图示及真值表来表示。左下图为与门的图示，右下图为与门的真值表。

入1	入2	出
0	0	0
0	1	0
1	0	0
1	1	1

或门是"'入1'或者'入2'至少有一个为真"这个命题的真伪。它的图示和真值表如下。

入1	入2	出
0	0	0
0	1	1
1	0	1
1	1	1

非门最简单，只有一个输入，输入是真，输出就是假；输入是假，输出就是真。非门用一个空心的小圆圈表示。但是一个小圆圈太不显眼，所以也在其前面画了个盒子。它的图示和真值表如下。

入	出
0	1
1	0

下面我们做个练习，用上面介绍过的逻辑门来构造一个新的逻辑门——"异或

门"。异或门的图示和真值表如下。

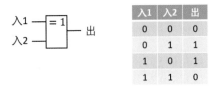

入1	入2	出
0	0	0
0	1	1
1	0	1
1	1	0

怎么用与、或、非门构造一个异或门呢？方法有很多。这里我们举一个例子。

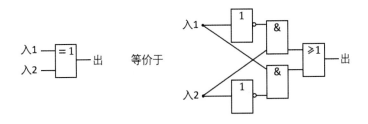

注意，这里当两条线相交时，如果上面有实心小圆点"·"，则它们看作是连上的导线。如果相交但是没有画圆点，则两条线看作不相交，比如用绝缘材料隔开。

其实，《三体》中利用士兵实现的与门、或门、非门还是隐藏了一些细节。那就是：真值表不是靠自动（例如机械或电子）的方式执行的，而是在执掌"出"这面旗的士兵的脑子里执行的。[130] 如果我们想真的造出个计算机，我们就必须找到脱离人脑智慧、自动执行真值表的方法。我们把这个问题留到下一节。本节我们继续讨论假如已经造出了与门、或门、非门，那么如何造一台计算机呢？

当然，从三个逻辑门到一台计算机，这之间的制造难度还是挺大的。不过，我们可以把这 3 个逻辑门组合起来，计算最简单的二进制一位数加法。这样，你就可以看出一点点制造计算机的门道。知道了计算机如何进行最简单的计算，那么复杂的计算看起来也就不那么神秘了。

130　所以，这个士兵的风险最大，可能会被秦始皇砍头。另两个士兵则没什么风险。不过考虑到一个逻辑门与别的逻辑门相连，执掌"入"门的士兵是否也是执掌其他逻辑门出口的呢？或许是这样，不过书中没有详细说明。

加法器

怎么让计算机计算二进制一位数的加法呢？

要回答这个问题，我们要先想清楚：什么叫"计算加法"？这里不说抽象的数学定义，只回忆一下小时候我们是怎么学会加法的？其实是靠死记硬背。所以，要制造加法器只要让计算机学会处理一位数的加法就行了。

另外，设计二进制一位数加法器，需要几个输入端、几个输出端呢？答案看似很显然：两个一位数分别对应两个输入端"入1"和"入2"，最后的结果最多会有两位数，所以需要设计两个输出端"出1"和"出2"。这个设计是否合理呢？我们暂且放下这个问题，把它留到后面的半加器和全加器的地方去讨论。现在，我们就来设计两个一位数输入、一个两位数输出的加法器。

二进制一位数加法的真值表如下。

输入		输出	
入1：加数	入2：加数	出1：进位	出2：和数
0	0	0	0
0	1	0	1
1	0	0	1
1	1	1	0

为了让设计的逻辑门实现以上加法表，我们可以采用对"出1"和"出2"各个击破的方法：我们分别画出"入1""入2"和"出1（进位）"的真值表，以及"入1""入2"和"出2（和数）"的真值表。这分别对应删去相应参数的那一列的上表。在此就不列出了。

当你画出这两个真值表，你马上就能发现，"入1""入2"和"出1（进位）"的真值表和一个"与门"一模一样。也就是说，我们直接用一个与门来连结"入1""入2"和"出1（进位）"就行了。对于"入1""入2"和"出2（和数）"的真值表，我们发现它与前面讨论过的"异或门"一模一样。所以，用异或门来连结"入1"

"入 2"和"出 2（和数）"就行了。

综上所述，一个加法器可以用右图的电路实现。

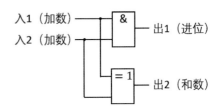

当然，会算一位数加法一点也不厉害。计算机想要有用，得需要会算很多位数的加法（以及很多其他操作）才行。怎么从一位数加法"升级"到任意位数加法呢？问到这个问题，我们就意识到我们这里构造的加法器还不够强大。因为如果我们把一连串这样的加法器直接连在一起，就没法处理二进制进位的问题。因此，我们上面构造出的加法器叫"半加器"。为了把多个加法器连起来处理上一位的进位，我们还要在半加器的基础上，把进位加上去。这样，就形成了三个输入、一个输出的"全加器"。这才是完整的加法器。你能画出全加器的结构吗？这里我们的讨论点到为止。如果你对全加器的具体实现，以及 CPU、内存等元件的具体实现感兴趣，除了阅读数字电子电路、CPU 原理、计算机体系结构等方面的专业教材外，也可以参考李忠的科普书《穿越计算机的迷雾》。

附：世界上最早的计算机

世界上最早的计算机是哪台？是什么时候诞生的？

在准确界定"计算机"概念前无法回答上述问题。虽然在现代，"计算机"这个概念给人的感觉很明确[131]，但这个概念是经过漫长的历史发展演变成型的。用不同的标准，"最早的计算机"这个问题的答案就不同。计算机的分类标准有很多维度[132]。

131　其实也没那么明确。比如你数一数，你家里有几台计算机呢？如果你家里有多功能电饭锅，它里面也通常有个单片机，用来控制电饭锅的功能。这种单片机的成本可能只需几块钱，但是功能比 20 世纪 40 年代的计算机强大多了，只是我们一般不把它算作计算机而已。

132　根据不同的标准可以将计算机分成不同的种类，例如内部用数字信号进行运算的数字计算机，用连续变化的信号强弱来进行运算的模拟计算机等。

自动化程度

计算机总是需要由人来运行，至少要靠人拆开快递包装、插电源和按开机键。但是计算机自动化的程度就千差万别了。

如果我们不以任何自动化为标准，那么算筹和算盘就是最早的计算机了。在商朝，人们在进行占卜的过程中，就有使用算筹的迹象，[133] 而在春秋战国时期，算筹的使用就已经很成熟和流行了。但是，算筹一点儿也不自动化。使用算筹，先要画上格子，再人为地把算筹在格子间移来移去。算盘可以看成是稍作自动化的算筹，[134] 拨动算盘比移动算筹快捷省力多了。但算盘除了要靠人拨动外，运算规则还要由人脑来掌握。比如我们常说的"三下五除二"，就是一句珠算口诀，代表算盘[135]中加三的时候如果人判断珠不够，要靠人通过口诀来把代表"五"的珠拨下来，再把代表"一"的珠拨回去两个珠。这里人做的除了拨动算盘珠，还有条件判断，以及执行指令表中的指令。所以，算筹和算盘离现代计算机自动化的标准还差得很远。

相比而言，1642年帕斯卡发明的机械计算器就自动化多了，[136] 只要输入数字，就能通过盒子里的齿轮和杠杆，在输出端显示加减法的结果。按现代的计算机标准，这是起码的自动化程度。

专用计算机还是通用计算机？

无论是算筹、算盘还是帕斯卡的机械计算器，这些都是专用计算机，它们只用于计算数字。如果是计算天文历法，那么自动化的专用计算机比帕斯卡的机械计算

---

133 考虑到占卜是一种"通用"的行为，如果不考虑运算结果正确的概率，算筹还可以看成是通用计算机。当然，运算结果的正确性（或误差的有界性）是计算最重要的特征，所以这个注释并不严肃。

134 为方便起见，算盘使用规则也相应做出了改变。但还是能看出算筹的影子。

135 特指一四珠算盘。二五珠算盘规则不同。

136 这里不是指计算速度。熟练的珠算者也许可以算得更快，但是帕斯卡机械计算器的自动化程度更高。

器还要早得多。

我们日常生活中通常谈到的计算机，说的是"通用计算机"，也就是设计上用途广泛的计算机。[137]

早在1837年，查尔斯·巴贝奇就设计了一台机械式通用计算机，其中包含逻辑运算、条件分支、循环和存储器。但是由于资金等原因，巴贝奇并没有把他设计的计算机真正制造出来。

尽管巴贝奇的计算机未曾问世，却造就了世界上第一个程序员，也就是为巴贝奇计算机编写程序的人。她就是奥古斯塔·艾达·金。不幸的是，她编写出的程序并未在她的有生之年真正在计算机上运行出来，而只是躺在笔记本里。

真正的通用计算机是1941年康拉德·祖赛造出的Z3。Z3既不是通过古代的机械，也不是通过现代的电子器件来运算的，而是通过继电器来进行运算的。下一小节谈论逻辑门的时候，我们将提到这些运算器件。

因为要考虑到用途的多样性，通用计算机通常比专用计算机更复杂。所以在现代，在解决一些特定问题（例如计算武器的弹道、区块链技术中的工作量证明等）时，使用专用计算机的效率会更高。另外，在通用计算机（比如我们现代的个人计算机）中，也有一些专用计算机的影子。个人计算机中会集成一些专用的电路，来进行一些常用的运算，以提高运算效率，例如视频播放解压缩等。在一定意义上，显卡也可以看成一个大型专用计算机，被用来处理与图形相关的计算。[138]

所以在《三体》里，为了解决三体问题，或许最有效的方式不是使用冯·诺依曼和秦始皇的3000万大军，而是用更小的花销造一台专用计算机。

---

137 更技术性地说，通用计算机一般是"图灵完备"的。我们在后文中再讨论图灵机和图灵完备性。

138 有趣的是，自从NVIDIA提出GPU的概念以来，现代显卡的发展方向倒是越来越通用化，可以协助CPU一起解决高度并行化的通用计算问题。所以通用和专用在一定程度上也是分久必合、合久必分的关系。

机械计算机还是电子计算机？

前面我们已经列举了很多机械计算机。但是，受限于齿轮等机械部件运动速度和尺寸，机械计算机已经被电子计算机所取代。世界上第一台电子计算机是1941年建成的阿塔纳索夫－贝瑞计算机（Atanasoff-Berry Computer，ABC），仅用于求解线性方程组这一特定用途。

世界上第一台通用电子计算机是英国在1943年投入使用的巨人计算机（Colossus）。这台计算机被用于破译德军的电报密码，所以当时高度保密，直到20世纪70年代才解密，当时这台计算机已被拆除。

诞生于1946年的埃尼阿克（ENIAC）是世界上第一台研制后就被世人所知的通用的电子计算机，用于计算氢弹研制、火炮的火力表等。冯·诺依曼也深入参与了埃尼阿克的研制中。论通用性，它晚于Z3；论纯电子，它晚于ABC；并且埃尼阿克也晚于巨人，只是巨人当时没有公开而已。

如何造出一扇逻辑门？

在上一小节中，从秦始皇的大军到现代计算机的诞生，我们走了很长一段路。不过现在，我们回头看看前面含糊过去的一个细节：逻辑门是计算机诞生路上至关重要的一步。在上一小节中，逻辑运算还是在士兵的头脑中运行的。要想造出计算机，这一步必须自动化才行。那么，如何造出一扇自动运行的逻辑门呢？

继电器

如果我们使用电路制造逻辑门，最简单的想法就是在电路上放一些开关，按照逻辑来开启和闭合。当然，如果还要靠人去按开关，那么逻辑运算仍然运行在人的头脑里。能不能让机器按照逻辑自动按开关呢？

上述问题可以分解成下面两个问题。

第一个问题：能不能让机器自动按开关？一种常见的自动开关元件叫作继电器。

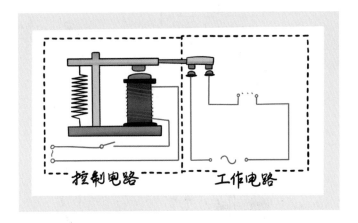

上图是一个继电器的示意图。如果让控制电路闭合，电磁铁就会导通，吸引磁铁来合上工作电路的开关。如果控制电路断开，工作电路也随之断开。这就是继电器工作的基本原理。

第二个问题：能不能让继电器按照逻辑门的要求运行？这很容易。把两个继电器串联到一起，就构成了与门；把两个继电器并联到一起，就构成了或门；把一个继电器磁铁和弹簧端反过来接，就构成了非门，如下图所示。

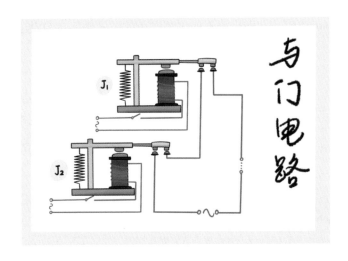

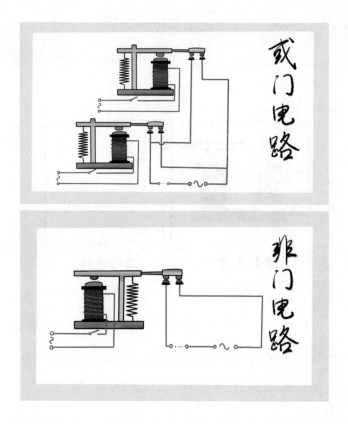

所以，原则上使用几千上万个继电器，就可以造出一台全功能的计算机了。我们已经提到，历史上第一台通用计算机Z3就是用继电器造出来的。但是，继电器并不是纯电子元件，里面包括机械开关。而继电器的机械部分反应缓慢，难以小型化，并且容易出现故障[139]。那么能不能用纯电子的方式来实现自动的逻辑运算呢？

二极管与三极管

用纯电子方式进行逻辑运算看起来也很难，这是因为电路中的电流的流动看起来是混乱的。如何让电流实现"有逻辑"的流动，从而实现逻辑门的真值表中的运算呢？

---

139 计算机领域有个用bug（虫）来表示错误的传统。这个传统有多个起源。其中一个就是1946年，一只卡在继电器中的飞蛾导致了继电器计算机发生故障。这应该是计算机第一次"bug"。

千里之行，始于足下。为了给电流的流动构建逻辑，我们需要让电流实现以下两个功能。

第一个功能，让电流实现单向流动。当A的电压高于B时，电流可以从A流到B；当B的电压高于A时，电流却不可以从B流到A。这就是二极管。二极管用如下符号表示。

A ━━▷|━━ B

这个符号很直观地体现了电流能从A流向B，却不能倒流的特征。

有了二极管，我们可以立刻实现"与门"和"或门"：

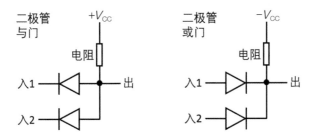

这里，$+V_{CC}$和$-V_{CC}$分别代表一个较高的正电压和一个较高的负电压。对入1、入2和出来说，高电压代表1，低电压代表0。你可以验证一下，然后就会发现这样的电路设计确实实现了与门和或门的真值表。

不幸的是，"非门"虽然看起来最简单，但是用二极管造非门就不容易了。这是因为，非门是以相反的方式升降电压。但二极管只负责单向导电，不负责升降电压。这就需要"智慧电流"的第二个功能。

第二个功能，放大功能。用一个微弱的控制电流放大另一个电流的大小，就好像轻轻拧水龙头，对水的流速有巨大影响一样。下图就是一个三极管的表示符号，以及它和水龙头的类比。

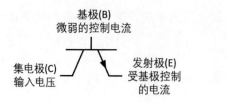 

有了三极管,我们就能实现"非门"了。

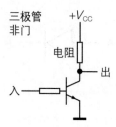

为了搞清楚三极管非门如何工作,我们可以沿用水龙头的类比。当"入"为0时,水龙头闭合,所以"出"端水压高(也就是输出1);当"入"为1时,水龙头打开,把水放跑了,所以"出"端水压低(也就是输出0)。

当然,既然三极管有放大功能,我们不仅能用它来制造计算机,也可以制造很多其他需要放大电流的电器。比如,麦克风和扬声器都需要把微弱的电流放大。

到现在为止,为了让电流可以按逻辑来运行,我们把与门、或门、非门约化到了二极管、三极管这两种基本元件上。但是,这里我们讨论的二极管和三极管还是抽象的概念。具体如何制造二极管和三极管呢?以下,我们介绍两种制造二极管和三极管的方法:真空管和半导体。其中真空管比较直观,但是目前真空管的多数应用都已经被小巧、可靠的半导体取代了。不过,要想彻底理解半导体二极管和三极管,还需要很多固体物理的基础知识,这里我们只做粗略介绍。

真空二极管

二极管最重要的特性是单向导电。既然普通导线的导电是双向的,我们要实现二极管,就要为二极管的两极制造一些区别才行。温度是两极最简单的区别之一。

考虑一个玻璃管，把里面抽成真空，里面有两个电极——阴极和阳极。如果我们用灯丝加热阴极，被加热的阴极就容易发射电子，而阳极冷，不发射电子。这时，如果加一个从阳极到阴极的电压，电子就从阴极跑到阳极（注意到电子带负电荷），阳极和阴极间有电流通过，就导通了。反之，如果加从阴极到阳极的电压，由于阳极是冷的，不发射电子，所以阳极和阴极间不会导通。所以，这个玻璃管就可以具有二极管的功能，我们叫它真空二极管或真空管。

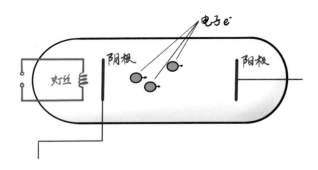

真空三极管

如何制造三极管呢？其实，我们只需在二极管的基础上进行一个小小的改造就可以了。把电子的流动想象成水龙头中的水流，我们给"水龙头"安一个阀门——栅极。栅极是镂空的，本身并不阻拦大多数电子（所以经过栅极的电流也不大），但栅极上的电压可以控制电子的流量，这就是真空三极管。

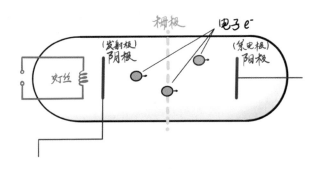

真空二极管和真空三极管终于把继电器里的机械部分去掉了。但是真空二极管和真空三极管的使用需要预热，并且一个玻璃泡也是难以小型化的。所以，它们还不足以产生信息时代改变世界的力量。有没有可能找到一种元件，可以达到二极管和三极管的功能，并且用简单的材料就可以实现，而不非得使用真空等条件呢？甚至这种材料可以造得很小，比如缩小到几纳米[140]的尺度？

半导体二极管与半导体三极管

如果用导电性来划分世界上的物体，可以大致把物体划分成导体和绝缘体。导体和绝缘体，一个双向都导电，另一个双向都不导电，都没法让电流"讲逻辑"。那怎么办呢？我们可以考虑一下介于导体和绝缘体中间的物质，看看有没有办法制造二极管和三极管。这种介于导体和绝缘体中间的物质叫半导体。例如，硅就是现代最重要的半导体材料。

纯硅晶体里面缺乏自由电子，所以硅的导电性能不够好。如果向硅中掺杂磷元素，则可以增加导体内的自由电子，增强硅的导电性。掺杂了磷的硅晶体称为n型半导体。

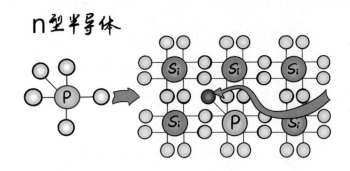

只有n型半导体还不足以制造二极管，因为为了达到单向导电的特性，二极管的左右两极不能是对称的，而同一种半导体没法分出左右来。

为了破坏对称性，科学家发现了一种向硅中掺杂质、增加硅导电性的方法：向

---

140 1纳米等于10^{-9}米。

硅中掺杂硼元素，减少导体内的电子。

减少导体内的电子怎么可以导电呢？这是因为没有电子的位置可以看成一个有效的、带正电的"空穴"。增加杂质硼后，半导体就可以通过空穴的移动来导电了。这种用空穴的移动来导电的半导体叫作p型半导体。

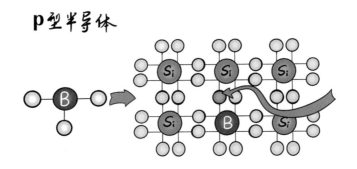

有趣的事情发生在把p型半导体和n型半导体连到一起（想象把上面所示的两张图接在一起）之后发生的变化。连到一起后的这种结构叫作pn结。当在pn结的p极施加高电压，在n极施加低电压时，额外的电子就会从n型半导体跑到p型半导体，把p型半导体的一些空穴填满，这样pn结就不再导电了。但如果反过来，在n极施加高电压，在p极施加低电压，因为电子移动方向相反，就不会出现电子跑到p极填补空穴，削弱导电性的现象，所以pn结是导通的。这就实现了二极管单向导电的特性。

用p型和n型半导体实现三极管也出人意料地简单，只要把p型和n型半导体按照pnp或npn放在一起就好了。大家可以自己分析一下原理，或查阅相关资料，这里就不赘述了。

有了二极管和三极管等半导体器件（统称晶体管），就可以用它们构造逻辑门电路，进而用它们制造计算机。

芯片制造

最早的半导体二极管、三极管都是逐个制造的。但是后来大家发现，计算机需要一下子用大量的二极管和三极管。例如，一块现代芯片上包含的晶体管数量可达千亿级别。如果把这些晶体管集成起来形成集成电路，可以极大地提高生产效率和计算机性能，并降低计算机功耗。这就是现代的芯片制造业。

为了在一小块面积上集成尽可能多的逻辑门，我们要把逻辑门造得非常小，比如造到几纳米的量级。这就需要使用极其纯净的硅，比如，要求硅的纯度高达99.999 999 999%。这种硅材料通常被制成圆柱体形状，名为"硅锭"，然后再切割成一片一片，名为"晶圆"。接着，我们要把电路"雕刻"到晶圆上。大家有没有联想到《三体》中在二维展开的质子上雕刻电路的场景呢？不过，我们没法把晶圆放大进行雕刻，我们必须用极精确的"刻刀"对晶圆进行雕刻[141]。这种精细的刻刀就是光。利用光来雕刻晶圆的设备就是"光刻机"。利用光刻机，在晶圆表面的光刻胶上刻出电路的形状后，还要经过刻蚀、掺杂等复杂工艺，才能在晶圆上最终把芯片"雕刻"出来。

附：流体形态的二极管、三极管

电是当代计算机技术的基础。不过，电流看不见（虽然不是摸不着，但还是不摸为好），所以显得比较抽象。我们不妨设想一下，能不能用水流制造一台计算机呢？当然，水流计算机的效率比电子计算机的效率低多了，但是毕竟我们可以直观地想象出水流。

我们已经用水龙头类比了三极管，那么要造水流三极管，使用一个液压控制的水龙头就好了。像二极管一样单向流动的水流也是可以实现的，这种结构叫"特斯拉阀门"。

鲨鱼的肠子就有类似特斯拉阀门的结构，保证流体可以在肠子里单向流动。

---

141 真正雕刻的是晶圆表面涂的光刻胶。

事实上，从1936年到20世纪80年代，苏联一直在利用水流制造的计算机来求解微分方程（"水流积分器"）。不过，水流积分器是模拟计算机，不是数字计算机。

信息的自解译

计算机科学和信息科学密不可分。在本章的最后，我们讨论一个与《三体》相关的信息科学问题。

假如外星文明造访地球，我们带他们参观地球，不难教会他们地球人使用的语言。只要指着一个实物，告诉他们发音或对应的汉字就行了。但是，如果文明和文明之间只用电波进行通信，而不传递实物，那么文明之间可以进行有效交流吗？

电波自然可以传递信息。无论是使用电波频率的差别（调频，FM），还是幅度的差别（调幅，AM），都可以在电波中传递一串像"01001001…"这样的字符。外星人收到信息后，看一眼波形，就容易想到通过调频或调幅方式进行解码。

但是，当外星人收到一串字符，他们怎么确定字符的含义？没有人教他们哪段字符代表什么含义。所以，破解这段字符中带有的信息，就好像提着头发把自己举起来一样困难。这就是信息的自解译。

《三体》中有两处提到了信息的自解译。一是红岸自解译系统的研制，二是"蓝色空间"号飞船与"魔戒"对话的过程。这种不需要实物辅助的信息自解译过程能实现吗？让我们来设想一个场景。

假如你是三体星上的天外信息1379号监听员[142]，一天，你发现屏幕上移动的波形携带着下面这样一串信息。这串信息象征着什么含义？你能解译出它吗？

```
000000010101010000000000000101000001010000000100100010001000100101100
101010101010101010100100100000000000000000000000000000000000011000000000
00000000000110100000000000000000000110100000000000000000001010100000000000
00000001111100000000000000000000000000000000011000011100011000011000010000
00000000110100000110100011000110000110101111101111101111101111000000000
00000000000010000000000000000000000000000000000000000000000000001000000
00000000000111110000000000000111110000000000000000000000011000011000011
10001100010000000100000000010000110100001100011100110101111101111101111110
1111100000000000000000000000000010000000110000000000100000000000011000000000
0000000100000110000000000001111100000110000000111110000000000011000000000
0100000000100000000010000010000011000000010000000110000110000000100000000
0011000100001100000000000001101100000000011000100000110000000000000110
0001100000100000010000000000010000100000001100000000100010000000000000110
0110000000100010000000010000000010000000010000000001000001000000010000000
0000011000000000110000000011000000000010001110101100000000000001000000001000
0000000000001000001111100000000000001000010111010010110110000001000111000100
```

---

142 当然，这里的1379号监听员解译信息的故事是杜撰的。但是，本文列出的这条信息却真实
  存在，并且已经由阿雷西博望远镜于1974年发射到太空。由于人类技术能达到的发射功率
  低得可怜（没有恒星级放大这种技术），这种向太空发射信号的行为更像是少数研究人员哗
  众取宠、博取经费的把戏。但是，我认为这种行为仍然是极端不负责任的。"是否与外星人
  主动通信"这个问题，只有两个可能：或者毫无意义，或者生死攸关。如果毫无意义，就
  不要用公众的经费来哗众取宠。如果生死攸关，就应该由全人类严肃决定是否通信，而不
  是允许少数研究人员为了自己出名而赌上全人类的未来。

114

11111110111000011100000110111000000000101000001110110010000001010000011111100100000010100000110000001000001101100000000000000000000000000000000011100000100000000000000111010100010101010100111000000000101010100000000000000001010000000000000011111000000000000000011111111000000000000011100000001110000000000010000000001101000000001011000001100110000001100110000010001010000010100010001000100100100010010001000001000101000100000000000010000100001000000000001000000000010000000000000000010010100000000000111100111110100111100

这项工作看起来让人摸不着头脑。但是，这其实并不难。1379号监听员对这条信息做了分析，马上就解译出了这条信息（这里我们使用Python语言）。

```
In [1]:  import matplotlib.pyplot as plt
         截获信息 = "00000010101010000000000001010000010100000010001000100010010110010101
```

截获了一条信息，你可能首先想看看，这条信息有多长？

```
In [2]:  len(截获信息)
```

Out[2]: 1679

1679 这个数字有什么特点呢？ 如果你是拉马努金，你会立即发现，这个数字的特点是两个质数的乘积：23×73。 所以，这个信息是不是一个 23 行 73 列，或 73 行 23 列的图片？ 让我们来试试23 行 73 列的图片：

```
In [3]:  行数 = 23
         列数 = len(截获信息) // 行数
         信息矩阵 = [[int(截获信息[i+列数*j]) for i in range(列数)] for j in range(行数)]
         plt.matshow(信息矩阵)
```

Out[3]: <matplotlib.image.AxesImage at 0x1f590d0bc10>

看起来完全是随机的。是不是猜错了？ 再试试 73 行 23 列的图片：

```
In [4]:  行数 = 73
         列数 = len(截获信息) // 行数
         信息矩阵 = [[int(截获信息[i+列数*j]) for i in range(列数)] for j in range(行数)]
         plt.matshow(信息矩阵)
```

Out[1]: <matplotlib.image.AxesImage at 0x1f590d901f0>

按下执行键,一幅图像出现了! 1379号监听员并不是一个高智能的外星人,所以这幅图像对1379号监听员来说有点难以解读。不过,当1379号监听员与人类沟通后,发现人类的意思是下面这样的:

从1到10的数字,
1是 ■ ,10是 ■
这10个点表示每个数字开始的位置
用10进制?因为人类有10个手指头

代表数字1、6、7、8、15
是氢、碳、氮、氧、磷的原子序数
人类的DNA是由这些元素构成的

这12个方块,代表人类DNA的组成分子
每个方块的5个数字对应上面5种原子的
个数:

脱氧核糖 C_5OH_7、腺嘌呤 $C_5H_4N_5$、
胸腺嘧啶 $C_5H_5N_2O_2$、脱氧核糖 C_5OH_7

磷酸盐 PO_4、磷酸盐 PO_4

脱氧核糖 C_5OH_7、胞嘧啶 $C_4H_4N_3O$、
鸟嘌呤 $C_5H_4N_5O$、脱氧核糖 C_5OH_7

磷酸盐 PO_4、磷酸盐 PO_4

DNA具有双螺旋结构
DNA里含有碱基的数量是
也就是4×10^9

人类由头部、躯干、双手和双脚组成

人类的身高为 ■ ,也就是14倍本信息的波长

地球上有 ■ ,也就是42亿人

太阳和九大行星(当时包括冥王星)

本信息是由
这个望远镜
发出的

望远镜的口径是 ■ ,也就是2430
倍本信息的波长

上例中这条信息看起来很难解译。其中最关键的一步就是，将一个由0和1组成的二进制字符串，转化成一幅二维图像，这一步是非常简单直接的。只要将信息长度分解质因数，就将一串信息转化成了二维图像。之后，一个文明和另一个文明就可以通过"看图说话"的方式沟通了。当文明之间用"看图说话"理解了对方的语言与约定之后，就可以发送高度压缩的数据包，进行更有效的通信。所以，信息的自解译是可以实现的。[143]

当然，我们还可以想象其他发送二维信息的方法，把信息转化为二维图像。例如，采用幅度和频率两个变量来发送信息（调频＋调幅）。这样，把频率和幅度画在一张二维图上，也可以表示一幅图像。

《三体》中的信息自解译系统叫作"罗塞塔"，这个名字大有来头。罗塞塔本来是一块石碑的名字。这块石碑雕刻于公元前196年，用3种不同的语言记述同一内容，其中一种语言是古埃及象形文字。这块石碑在埃及城市罗塞塔被发现，现存于大英博物馆。因为有3种语言互相对照，所以罗塞塔石碑成了近代学者破解古埃及象形文字的突破口。现在，罗塞塔已经成为不同系统相互翻译的代名词，比如学外语的软件以及在不同架构处理器上翻译运行程序的软件，都曾以罗塞塔为名。

---

143 我们用阿雷西博信息的例子是因为阿雷西博信息的编码更直观易懂。对于如何与外星智慧生命进行自解译式的沟通，读者可以自行了解更系统的研究，如Hans Freudenthal的著作 *Lincos: Design of a Language for Cosmic Intercourse*。

第五章

黑暗森林

本章导读

本章我们先从寻找地外生命的天文学观测谈起。接着，我们将探讨更理论的问题：为什么直到现在，我们还从没见过一个外星人呢？这个问题叫作费米悖论。它为什么是个悖论？怎么把这个悖论讲得更清楚？如何解决费米悖论？然后，我们将重点讨论《三体》为费米悖论给出的答案：黑暗森林，包括黑暗森林猜疑和黑暗森林威慑。最后，我们沿着《三体》第一部附录里的设想，来讨论"点状化的文明"。

我们孤独吗？

在宇宙中，人类是孤独的吗？假如人类不是孤独的，那么宇宙中的众多文明之间又该如何相处呢？

天文学家利用很多望远镜搜索星空，以试图回答"我们孤独吗"这个问题。这些搜索可以大体分为3类：寻找地外行星、寻找地外生命和寻找地外文明。

寻找地外行星

太阳系有八大行星,除地球外,其他一些行星和卫星虽然没有地球那么宜居,也可能存在生命迹象。例如,科学家在对金星、火星、木卫二等行星和卫星持续观测,寻找生命迹象。

更有趣的一个问题是,除太阳外,别的恒星有行星吗?太阳系外的行星叫作系外行星[144]。在本书第一章,我们已经简要提到了这方面的研究。寻找系外行星的研究在最近30年中突飞猛进。在寻找系外行星方面,从1992年实现零的突破开始,至今已发现超过5000颗系外行星。

行星自己不发光,反射恒星的光很暗淡,并且通常距离恒星很近,很难通过望远镜有限的分辨率解析出单独的光点[145]。那么,我们是如何"看到"系外行星的存在的呢?

我们可以借助很多技术手段[146]寻找系外行星。例如,"行星凌日",也就是说,在我们地球观测者看来,当行星运行到观测者与观测的恒星中间的时候,行星会挡住一部分恒星的光。随着行星绕恒星周期运动,恒星的光周期性变暗[147],我们就可以发现行星。这种寻找系外行星的方法叫作凌星法。

---

144 有时,"地外行星"特指太阳系内,除地球以外的行星。这里,我们用它来代表地球以外的行星,无论它在太阳系内还是太阳系外。

145 这种直接通过望远镜来对行星成像的方法,叫作直接成像法。尽管直接成像法具有正文中提到的困难,目前天文学家还是通过直接成像法发现了少量系外行星。这些行星大都比木星还巨大(所以可以反射恒星更多光线),并且距离恒星很远(所以可以通过望远镜的超高分辨率与抗眩光技术,与恒星分别开来,显示为两个光点)。

146 包括空间望远镜。比如,现在发现的5000颗系外行星,有超过一半都是通过开普勒空间望远镜发现的。

147 行星的存在总会使恒星的光变暗吗?其实也不一定。这是因为,行星的引力会让恒星的光线发生偏折,就像是玻璃透镜汇聚光线一样,产生凸透镜的效应。所以在一定条件下,行星也有可能放大恒星的光,让恒星周期性变亮。通过这种效应来寻找系外行星的方法称为微引力透镜法。

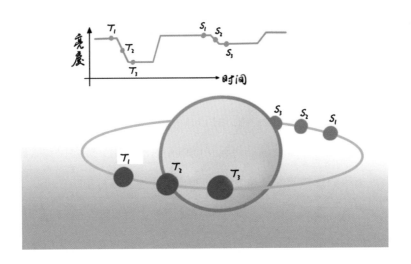

虽然我们说行星围绕恒星旋转，但这也不是绝对的。严格来说，是恒星和行星以它们共同的重心为中心相互绕转。只是由于恒星更重，所以恒星运动幅度很小而已。通过恒星因为运动导致的光谱变形，也就是多普勒效应，可以推测恒星在绕着一个质量中心运动，进而推测这颗恒星存在行星。这种寻找系外行星的方法叫作径向速度法，又称多普勒法。

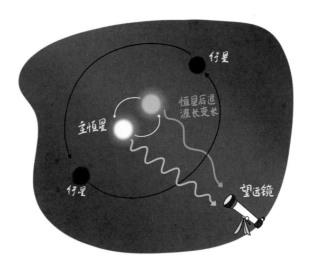

这些系外行星大都分布在离我们较近的恒星周围，这是因为离我们越近，就越容易被观测到。所以，目前系外行星的研究让我们相信恒星拥有行星是很普遍的现象。

在众多系外行星中，天文学家可以进一步根据行星与恒星的距离，来判断行星是否宜居，其中最重要的标准是有没有液态水存在的温度条件。[148] 按照液态水存在的温度条件这一最低标准，现在已经找到很多"宜居"行星了。我们寻找宜居行星有两个原因。一是未来人类文明可能会拓展到其他星系。当然，这还极其遥远，按目前的人类技术，寻找宜居行星只能起到望梅止渴的作用，先移民到太阳系的其他天体是人类更务实的选择[149]。二是希望通过寻找这些宜居行星，来寻找地外生命甚至地外文明。当然，按照人自己的样子来寻找地外文明可能是狭隘的。地外文明会不会与人类的形态完全不同，所以可能在人类意想不到的天体上繁衍呢？众多科幻小说中对这个问题给出了极其精彩的猜想。例如，刘慈欣在科幻小说《山》中就猜想了像计算机芯片一样的硅基文明起源。不过，由于碳在宇宙中广泛分布及碳元素自身特点，或许碳基文明还是最自然的文明形式。另外，严肃的科学研究需要基于证据，所以科学家在搜索地外生命方面相对保守，仍以搜索类似人类的文明为主。这种搜索类人文明的研究方法严肃也好，保守也好，至少它是能获得一些更"靠谱"结论的科学方法。

寻找地外生命

地球生命诞生于液体的海洋。我们通常认为，如果存在地外生命，地外生命也应该诞生于液体的环境中，这样的话，生命诞生所需要的物理运动、化学反应和生

---

148 另外，我们还希望行星质量足够大，从而有可能维持大气层。但是按照目前系外行星搜寻的方法能找到的行星质量都比较大，所以质量不是太大的问题。

149 关于太阳系内部的移民，无论是科幻小说、未来学研究还是天文学中，都已经有了大量讨论，包括离地球较近，但需要严格维持生存环境的地球轨道空间站、月球，以及向火星、木卫二等与地球条件类似天体移民，以期未来将这些天体改造成像地球一样宜居的天体。这是一个很庞大的话题，虽然《三体》中地球文明发展后期也已经可以在太阳系中多个行星建立基地，但是这方面内容与《三体》世界观关系不大，这里就不详述了。

物功能才能更有效进行。[150] 为了提供足够体积的液体环境供生命繁衍，这个星球应该拥有液体海洋[151]。组成海洋的液体最好是水，但是有些研究认为，没准液态氨或者液态甲烷等液体也可以。不过，假如有其他星球生命起源于氨或甲烷之中，它们的宜居温度和生化性质一定与我们大相径庭。

当然，液体海洋只是生命存在的条件之一，即使在一个星球上发现液体海洋，甚至水组成的海洋，也并不能推出这个星球必然存在生命的结论。我们也可以去寻找一些生物新陈代谢产生的特有分子，这些分子很难通过除生命以外的途径产生出来。例如，2020年在金星大气中发现磷化氢，有天体生物学家认为，这种高活性的物质只能通过持续的生物代谢制造出来。但是，什么样的分子能标定生命的存在？证据多确凿？这些问题在学界还没有统一的答案。

搜寻太阳系中的地外生命的更靠谱的方式是发射探测器到一些我们怀疑具有生命迹象的天体看个究竟。目前，我们还没有发现太阳系中除地球以外的生命迹象。但相关研究探索还在活跃进行中。

寻找地外文明

比寻找地外生命更进一步的是寻找地外文明。也就是说，寻找拥有智慧的地外生命。

你可能问，我们还没做到上一步，连地外生命的确凿证据都没有，为什么要着急寻找地外文明呢？这是因为如果生物发展出了智慧，甚至如果有超越人类的智慧，他们改变自然的能力就越来越强，有可能制造出更明显的迹象。宇宙中有什么迹象是地外文明存在的标记呢？

---

150 反之，假如人的细胞中没有液体，而是靠风把蛋白质吹来吹去，那么很难想象细胞是否能够继续运行。

151 或处于星球的表面，或处于星球地下的"地下海洋"。

地外文明非常明显的标记之一是通信。无论是像人类一样在自己的星球上用无线电波通信，通过无线电控制卫星，还是星际飞船之间的通信，最简单的通信手段都是电磁波。特别是考虑到大气层中可见光通信容易衰减或被障碍物阻挡，比可见光波长更长的无线电波段更多被人类采用，因此或许也更有可能被外星文明采用。

早在1896年，尼古拉·特斯拉[152]就曾建议，用他发明的无线输电系统尝试联系（假想中的）火星生命。之后，人类进行过众多的无线电发射或聆听实验。我们在《从秦始皇到计算机》一章中已经讨论过用阿雷西博望远镜发射信息的例子。而对于聆听计划而言，通常无线电聆听实验并不是单独存在的，而是和天文观测结合在一起的，这是因为用于聆听地外文明的望远镜也可以作为天文望远镜研究天文学。这种研究无线电波的天文学叫作射电天文学。疑似外星信号通常也是在天文观测的同时发现的。

1967年，乔丝琳·贝尔在剑桥大学读研究生的时候，发现银河系的一个特定方向上的星体在向地球发射一个规律的信号，每1.3秒信号到达地球一次。当时，公众常把外星人想象为小绿人，所以这个发现也被戏称为小绿人。后来，天文学家发现这种信号并不是智慧生命发出的，而是自然形成的。每隔一小段时间的规律信号是因为一种中子星快速旋转，中子星磁极方向的辐射像旋转的灯塔一样，每隔一段时间朝向我们照射。这种快速旋转辐射的天体叫脉冲星。一些脉冲星的旋转周期像原子钟一样精确，现在已经被用于寻找引力波、寻找暗物质等。

2007年，澳大利亚帕克斯天文台发现了一个神秘信号，从信号的形状来看，似乎很难从大自然中自然地产生出来。大家很好奇：这个信号是不是来自外星人呢？

---

152 特斯拉是一位杰出的发明家和工程师。但目前网络上传播的很多关于特斯拉的神乎其神的科学"实验"并没有科学依据。大家如果看到关于特斯拉的比X射线、交流电、无线输电更加基础的科学"实验"，则需要小心甄别。（其实，我觉得网上流传一些对科学近乎奇幻的想象也不是坏事。但是我们需要分清楚哪些实验是真实的，哪些是奇幻的。）

但一个奇怪的现象是，这个信号经常在澳大利亚时间的中午出现。外星人的作息时间怎么和澳大利亚人这么合拍？最后，经过排查发现，这个神秘信号的来源是天文台工作人员用微波炉热午饭。原本，微波炉的微波干扰已经被天文台考虑在内，并没有这个信号强烈。但是天文学家没有想到，有些工作人员在没有按微波炉的停止键的情况下，直接把微波炉门拉开，拿他们的午饭开吃了。这就造成了强烈的微波外泄，由此解释了这个神秘信号的来源。

假如外星文明真向我们发射了信号，那么破译这个信号也需要大量的计算资源。除了用超级计算机破译信号，伯克利大学也曾在1999—2020年间，推出了一项有趣的计划：SETI@home（在家寻找地外文明）。这项计划面向互联网上的所有人。只要安装相应软件，计算机就会在运行屏幕保护的时候，在后台帮助分析无线电数据。这个计划吸引了全球500万志愿者的参与，CPU累计运行时间相当于单个CPU运行200万年。

除了无线电信号，天文学家也在寻找很多其他和外星文明有关的技术特征。这里我们举几个例子。

戴森球：如果地外文明希望能充分利用一颗恒星的能源，他们可能围绕恒星建

造类似太阳能电池板的设备，以充分捕捉恒星的光线。这种环绕恒星的太阳能电池板是物理学家弗里曼·戴森提出的，所以现在大家叫它"戴森球"。戴森球的信号可能包括:（1）太阳能电池板被加热后发出的额外红外辐射;（2）在建造中的或非对称的戴森球会造成恒星在远处看来忽亮忽暗;（3）对比几十年前的观测数据，是否有的恒星亮度发生了反常变化等。

流浪恒星: 也就是沙卡多夫推进器。如果地外文明不满意自己恒星在银河系中的位置，他们可能会给恒星装上发动机，让恒星改变在星系中的位置。这种设想中的恒星发动机叫作沙卡多夫推进器。沙卡多夫推进器和戴森球相似: 在恒星周围装上巨大的镜子，让恒星的光只能从特定方向发射出来，而其他方向的光也被镜子反射向这个特定方向。这样，恒星就变成了一个巨大的光子火箭。寻找沙卡多夫推进器的方法也和寻找戴森球类似。

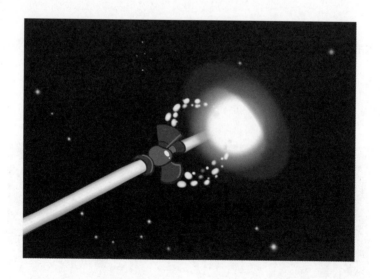

光帆驱动器: 如果宇宙中存在一些突然增强又很快消失的电磁信号，不能用其他天文现象解释，那么这些信号有可能是地外文明用来驱动光帆的光源。比如，近年来天文学的研究热点之一——处于无线电波段的短暂而明亮的快速射电暴，就有学者认为是外星人的光帆驱动器。但是，用穿透性很强的无线电来驱动光帆并不是很有效的选择。目前，学术界更倾向于认为磁星应该是快速射电暴的来源。所以光帆解释相当非主流。

环日加速器：如果地外文明想搞清楚量子力学和广义相对论如何结合，或者想制造黑洞，他们或许会建造环日加速器。因为只有这么大的加速器才能达到用基本粒子碰撞出黑洞的能量强度。环日加速器运行时，超高速的带电粒子在磁场中偏转，会产生强大的同步辐射。可以通过寻找这种同步辐射来寻找地外文明。这个设想来自本页脚注提到的有趣的论文，里面包含了很多环日加速器的技术细节。如果你有大学物理知识背景，不妨读一下原文[153]。

很难说幸运或是不幸，尽管天文学家在用各种方式搜寻地外生命和地外文明，目前还没有任何关于它们存在的确切证据。所以，我们还不能回答这个基本问题：我们孤独吗？从本章的第二节开始，我们将把注意力从天文观测转到理论探讨，讨论为什么我们看起来是孤独的？

费米悖论

1950年，芝加哥大学的一群物理学家在饭后闲聊时，聊到了当时不明飞行物目击报告[154]的新闻，以及超光速旅行的可能性。这时，忽然一个人发问："但是外星人在哪呢？"发问的人是费米。这个问题就是几十年来让外星文明爱好者津津乐道

153　参见 B. C. Lacki 在 2015 年发表在 arXiv 网站上的 SETI at Planck Energy: When Particle Physicists Become Cosmic Engineers。

154　不明飞行物（UFO）存在吗？ UFO 这个词的使用具有很大歧义。如果按照字面意义，我们搞不清楚是什么东西的飞行物，当然存在。这也与目击者的辨别能力有关。有些不明飞行物到底是什么，连专家都难以辨别。但目前还没有任何不明飞行物被认为是外星人到访的确切证据。当然，一些不明飞行物目击报告可以用外星人解释。但是，一个非凡的主张需要非凡的证据来支持。与错误识别、大气现象等更平凡的备选解释相比，目前，外星人到访这个非凡的主张并没有得到足够的证据支持。

的费米悖论[155]。

这个突如其来的问题令大家有些摸不着头脑。稍后费米解释说："如果外星人存在，他们应该已经到过地球了。我们为什么没发现外星人来访的迹象呢？我们不妨想象一下，银河系中有数千亿颗恒星，如果在银河系中有很多其他智慧生命，在银河系100多亿年的漫长历史中，外星人比我们先进几亿年是再正常不过的事情。而银河系的直径只有10万光年。就算外星文明以百分之一光速进行星际殖民，1000万年就能占领整个银河系。所以，地球上发展出自己的智慧生命，而没有成为一颗被外星人殖民的星球，甚至从来没有见过外星人到访。这实在很奇怪！"

费米被称为最后一位同时精通理论物理和实验物理的物理学家。[156] 费米是李政道先生的研究生导师，而杨振宁先生的求学经历也深受费米影响。据统计，有12位诺贝尔物理学奖获得者是费米的学生或在职业生涯的早期受到过费米的指导。[157] 当然，对于当时费米的学生而言，在人才济济的研究组，会感觉压力很大。例如，据说杰克·施泰因贝格尔本来想搞理论物理，但是觉得与自己同一个办公室的另外三个搞理论的同学都比自己强，所以放弃了搞理论物理的理想，转而研究实验物理。结果，办公室那三个比他强的同学后来都获得了诺贝尔物理学奖，其中包括杨振宁和李政道。不过，杰克·施泰因贝格尔本人后来也因为在实验物理方面的贡献获得了诺贝尔物理学奖。

---

155 之前我们在介绍航天器时提到齐奥尔科夫斯基，在未发表的手稿中，他也曾提出了与费米悖论相似的疑问，但不如费米的问题明确。

156 理论物理方面，费米提出费米统计，宇宙中超过一半的基本粒子及类似性质的复合粒子都以他的名字而命名（费米子）；实验物理学方面，费米因中子轰击技术、人工放射性、超铀元素等发现获得1938年诺贝尔物理学奖。其后，他领导建造了世界上第一个核反应堆，开启了原子能时代。他也是曼哈顿计划的核心科学家之一。

157 李政道，杨振宁，Owen Chamberlain，Emilio Segré，Jack Steinberger，Jerry Friedman，Dick Garwin，Jim Cronin，Maria Mayer，Hans Bethe，Murray Gell-Mann，S. Chandrasekhar。

上图是费米流传最广的肖像照片。记者喜欢让物理学家在黑板上写一些公式，并以此作为摆拍的背景。在这张照片中，费米把精细结构常数的公式写错了，应该是 $\alpha = e^2/(hc)$。在2001年美国发行的费米纪念邮票中，裁掉了等式左边。

除了有点儿深奥的理论物理和实验物理，费米还有一项独步江湖的绝技，就是数量级估计。在物理学界，大家甚至经常把数量级估计问题直接称为费米估计。比如，费米估算"芝加哥有多少位钢琴调音师"，已经成为职场上一道流行的面试题[158]。1945年，世界上首枚原子弹试爆成功，在试爆现场附近的费米，也曾在空中撒一把碎纸片，通过纸片被爆炸冲出的距离，正确估算了原子弹爆炸的当量。我们不难看到，上面由费米随口问出的费米悖论，也是费米擅长数量级估计的结果。

有多少地外文明？

费米悖论可能有点过于泛泛，为了将费米悖论具体化，1961年，在美国绿岸天文台[159]举行的学术会议上，德雷克提出了一个方程式，用来描述银河系内可能同人类进行通信的文明数量。现在，大家把这个公式叫作德雷克公式或绿岸公式。德雷

---

158 如果你对这道面试题如何解答感兴趣，看看后文的绿岸公式，或许就可以自己估算出芝加哥钢琴调音师的数量了。

159 看到这个名字，大家是不是会联想到《三体》中的"红岸基地"呢？

克公式将银河系内的各种能与人类通信的文明的数量估计联系起来。

银河系中能与人类通信的文明数=银河系中每年产生的恒星数 × 恒星拥有行星的可能性 × 拥有行星的恒星中拥有宜居行星的平均数量 × 宜居行星上能发展出生命的可能性 × 生命能发展出智慧的可能性 × 智慧生命能发展出星际通信技术的可能性 × 文明的平均延续时间

德雷克对以上各个量的估计如下[160]：

银河系中每年产生的恒星数=10；

恒星拥有行星的可能性=0.5；

拥有行星的恒星中，拥有宜居行星的平均数量=2；

宜居行星上能发展出生命的可能性=1；

生命能发展出智慧的可能性=0.01；

智慧生命能发展出星际通信技术的可能性=0.01；

文明的平均延续时间=10 000年。

于是，德雷克得到，银河系中应该有10个文明可以与人类通信。但是，上面的估计数字有多靠谱呢？不同项的靠谱程度差异巨大。

首先，银河系中每年产生的恒星数基本是合理的。我们可以从恒星产生率或者银河系百亿年历史上产生上千亿颗恒星来估计。

其次，恒星拥有行星及行星宜居的可能性的部分，在德雷克最初估计的时候，只是因相信太阳系的普遍性而做出的凭空猜想。但是现在回过头来看，他的估计在数量级上是基本靠谱的。20世纪90年代以前，"系外行星是否普遍存在"是个让科学家争论不休的话题。但是自20世纪90年代开始，我们对行星及宜居行星的认识日新月异。1992年，人类发现了第一颗系外行星。自此，系外行星观测的发展日

---

160 参见 Glade, Ballet, Bastien. A stochastic process approach of the drake equation parameters[J]. International Journal of Astrobiology. 2012; 11(2): 103–108。

新月异。到2022年，发现的系外行星已超过5 000颗。最早发现的系外行星一般较大，更像木星。[161] 但是自2005年发现第一颗太阳系外类地行星以来，在太阳系外已经发现了接近100颗类地行星。由于较近的行星更容易被发现，这些已发现的类地行星都在银河系中离太阳系50光年的范围内。如果银河系中类地行星的分布是均匀的，再考虑到我们也并没有发现50光年内的所有类地恒星，所以据估计，整个银河系中类地行星的数量应该有400亿颗之多。特别是2016年，天文学家发现了比邻星的一颗行星（比邻星半人马座b星）。虽然这颗行星是否适合人类居住还有待进一步观测，但是它具有很多类似地球的特征。这颗行星的发现，是不是说明《三体》这部小说离真实世界又近了一步呢？

上面我们说了德雷克公式的前三项，德雷克对它们的数值估计基本靠谱。但是，关于产生生命概率方面的推测，目前学术界的争议就太大了。有"乐观"的科学家认为，类地行星上出现生命的概率应该很大。这是因为地球在45亿年前形成，而目前已经发现了地球在35亿年前就已经存在生命的化石证据。也就是说，地球在"幼年"时期[162]就已经出现生命了。如果生命极难出现，按概率，在地球上，生命的出现时间应该更晚才对。[163] 但是，也有"悲观"[164]的科学家认为，如果生命在地

---

161 这并不是说类木星的巨大系外行星更多。只是个头更大的系外行星更容易被我们看见。这就好比地球上数量最多的生物应该是细菌，估计有超过10^{30}个，但是由于细菌个头太小，人类看到细菌的次数少于很多其他生物。

162 这里"幼年"的意思，是按太阳100亿年的寿命，地球花10亿年诞生生命的时候，就好比一个能活100岁的人，刚刚10岁。

163 "地球生命出现早，所以生命在地球上起源概率高"这种说法及类似道理，在地球或类地行星上产生智慧生命的可能性，可以用贝叶斯统计来量化。感兴趣且熟悉贝叶斯统计的读者可以读一读2020年的研究论文"An objective Bayesian analysis of life's early start and our late arrival"。

164 当然，这里乐观和悲观都是站在希望我们不孤独这个角度来划分的，只是为了叙述方便。但是，对待外星生命没有统一的价值观。如果我们在宇宙中独一无二，又何尝不是一种乐观的想法呢？

球上的产生是很容易的事情,那么我们应当在地球上发现很多种独立起源的生命,而不是各种生命都能归于同一祖先。另外,火星和木星的一些卫星上也曾拥有诞生生命的条件。为什么我们还没有发现这些星球上生命存在的证据呢?这种反驳是否有效与未来的观测密切相关。假如未来发现了地球上独立起源的其他生命形式(即使已经灭绝的也可以),或者发现了火星以及木星卫星上生命起源的证据,则可以佐证在类地行星上生命出现的概率接近100%。假如我们对地球、火星、木星卫星的仔细探索都没发现其他独立的生命证据,则类地行星上生命出现的概率可能很小。至于这个概率会小到百分之一,还是亿分之一,还是万亿分之一,目前学术界还没有统一的认识。

能产生生命的星球又有多大概率产生智慧生命呢?与上个问题相似,这也是个难估计的问题。"乐观"派认为地球"中年"的时候就能产生智慧生命了,因此产生智慧生命不难。"悲观"派则认为,地球上的物种有数十亿之多,但是只产生了人类一种智慧生命,因此产生智慧生命极难。我们从理论上还不能理解智慧的本质。考古与观测上又对人类产生这一事实有不同的解释。所以,产生智慧生命的概率也是很难估计的。智慧生命"智慧"到什么程度,才能产生科学,以至于可以进行星际通信?关于科学产生的条件,我个人认为,具有人类智慧的生命,科学的产生是大概率的事件,它会伴随着生产力和生产关系的发展而自然诞生。[165] 但在这一点上,学术界的争议和分歧也不小。

智慧生命一旦产生,又会存在多少年呢?德雷克"一万年"的估计是相当悲观的。因为按他的估计,按地球纪年计算,人类文明或许也不会再持续存在太长时间。按照乐观的估计,如果一个文明一旦存在就可以一直存在下去,那么现在可能有的文明已经存在几十亿年之久了。也就是说德雷克可能把这个数字低估了10万

---

165 在这一点上,感兴趣的读者可以读一读文一教授的著作《科学革命的密码——枪炮、战争与西方崛起之谜》。

倍。文明可能长久存在吗？我们下一节将回到这个问题。

所以，用德雷克公式来估计能与地球通信的地外文明数量，最终得到的数字是不靠谱的。最后，是否可能存在和我们形态完全不同的生命，无法用德雷克公式估计？我们也不得而知。[166] 但是无论如何，德雷克公式把费米悖论这个大问题分解成很多更明确的小问题，可以让我们更清楚地思考外星生命的数量。另外，如果我们假设类地行星上有很大概率会形成智慧生命（德雷克公式不靠谱的地方就在这个假设上），那么的确，银河系中应至少有10个文明有条件与我们通信。

那么，他们在哪儿呢？

如何解决费米悖论？

我们在上文中讨论了费米悖论——为什么我们没找到外星人。紧接着，我们又用德雷克方程一步一步讨论了产生智慧生命的各个环节的可能性大小。我们发现：如果类地行星上产生智慧生命的可能性不是太小，那么我们应该已经找到外星人了。但是我们还没找到外星人。我们如何解释费米悖论，外星人又在哪儿呢？

对费米悖论最简单的解释就是类地行星上产生生命的概率太小。上文我们已经讨论过，对这一点目前争议很大，科学界还没得到一致的意见。这里我举几个解释费米悖论的例子。

过滤器。有没有可能文明发展史上有一些步骤是个"坎儿"，绝大多数文明都被卡在某个步骤无法再继续下去？所以，这些文明无法发展到能星际通信或造访地

---

166 例如，科幻电影《降临》中描绘了一种对时间感知与我们完全不同的外星人。我觉得这种外星人很有趣，他们的应激性体现在过去与未来组成的时间整体中，更像是按照"最小作用量原理"的精神而生存的，不像我们这样活在当下。像这样的外星人，很难用德雷克公式估计其存在的概率。

球的阶段？这就是大过滤器假说[167]。

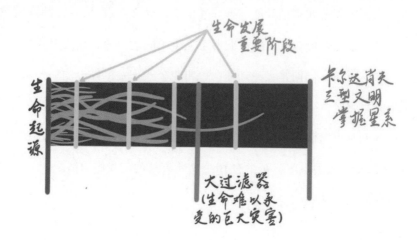

大过滤器假说让人类难免担心自己的命运。所以，我们经常以人类自身的发展阶段为参照，把大过滤器分为以下两种。

"史前过滤器"：绝大多数文明被卡在比人类更落后的阶段。在生命产生的过程中，每一步都来之不易，从原核生物到真核生物，从单细胞到多细胞，从无性繁殖到有性繁殖，从靠天吃饭到使用工具，从蒙昧到智慧。我们很难确定哪一步是个过滤器[168]，是其他文明迈不过去的"坎儿"。假如未来我们在火星、木星的卫星及其他类地行星上看到灭绝的生命或以更低文明形态延续的生命，则可以为"史前过滤器"假说提供更多的支持。

"未来过滤器"：绝大多数文明被卡在比人类更先进的阶段。这种可能让人感觉有点悲观，但也不能因此一厢情愿地排除它。例如，未来战争或超新星爆发是否

167　如果把大过滤器的思想扩散一些，前文讨论的"类地行星产生生命的可能性太小"，也算是大过滤器的一种。在这里，我们讨论当生命产生后，直到星际通信或星际殖民前，可能遭遇的过滤器。

168　即使我们可以通过古生物学研究来判断这些发展步骤对地球文明的难度，我们也很难确定哪些步骤刚好对地球文明很容易，而对其他文明由于生命形式稍有不同而变得极其困难、无法跨越。

会灭绝人类？人类的技术是否已经接近技术发展的极限？[169]

牛津大学未来人类研究所[170]所长尼克·博斯特伦认为，在寻找比人类技术水平更高的外星人方面，"没有消息就是好消息"。有可能我们未来找到了比人类技术水平更高的外星人，而他们也还没能殖民整个银河系。如果人类文明与这样的文明没什么大的区别，那么看到别人很多年以后的样子，也就看到了人类自己的未来——我们可能未来也没有希望发展成一个"银河帝国"。如果未来找到了很多种外星人，他们的技术水平比人类高，但是彼此差距不大，那么或许他们的形态就是大过滤器面前文明发展的最高形态。

另外，未来大过滤器的可能性警示着人类应该走出地球。地球是人类文明的摇篮，但在整个人类的角度，摇篮不应该成为坟墓。随着科技进步，人类活动能影响到的范围越来越大。几十年前，随着核武器的出现，在人类历史上，人类一次战争能毁灭的空间首次超出人类生存的空间。如果未来科技发展到核武器扩散不再可控，或发展出其他对人类生存威胁更大的武器，那么人类由于偶然事件导致文明倒退甚至毁灭的概率将越来越大。我们应该不会为削减这种可能性而限制整体的科技发展，那么人类永续的希望就只剩下了一个，就是走出地球，甚至走出太阳系。

可惜人类个体没有这样的压力。绝大多数人更愿意在地球上生活终老，而不愿意踏上星际移民的苦旅。甚至正如《三体》中描述的，当星舰人类切断了与地球母体的

---

169 当然，技术发展还有很大空间。不过《三体》中设想了如果基础科学没有突破的情况，基于现有基础科学的技术虽然会让人类生活更便利，但是很难从本质上改变人类的"文明等级"。那么，假如在没有智子干扰的情况下，未来的基础科学真的也不再有突破呢？大刘的想象是否可能真的成为人类技术的天花板？

170 看到这个有趣的名字后，我特地去官网核实了一下，发现确实有这样一个研究所。这个研究所研究了关于人类未来的、很多看起来不太正统但或许很重要的问题。这一段讨论的问题参见博斯特伦2008年的论文"Where are they? Why I hope the search for extraterrestial life finds nothing?"。

联系，人将成为"非人"[171]。但如果我们谈论几十亿年的时间尺度，星际移民将是人类唯一的希望。

动物园。假如我们在野生动物园中用望远镜观察动物的自然生活状态，动物大概率不会察觉到我们的存在。有没有可能外星人早就已经殖民了整个银河系，并且早就到过地球，然后划出了一块区域叫"太阳系自然保护区野生人类园"，特地保持一定距离来观赏人类呢？这个假说没有证据支持，也不太讨人喜欢，甚至有点"阴谋论"的意味，但是似乎逻辑上也可以作为一种可能性。

异次元。假如当文明发展到较发达阶段，就可以脱离时空的束缚，例如进入更高维，甚至对时空进行更本质的解构[172]，像《2001：太空漫游》里描绘的那样超越时空的界限"化为纯能量"，那么高级生命对地球的观测可能是地球不可感知的。

年轻的宇宙。基于永恒暴胀的多宇宙假说或许可以为费米悖论提供一个新视角。我们已经在介绍多宇宙的章节谈过永恒暴胀与多宇宙。阿兰·古斯[173]曾提出，基于永恒暴胀的多宇宙有个"问题"，就是在任何时刻[174]年轻的宇宙比古老的宇宙多得多。如果我们生活在一个典型的宇宙中，那么我们应该大概率生活在"我们可能生活的各种宇宙"当中尽可能年轻的那一个。这就好比，假如我们站在一个育婴室

---

[171] 顺便提及，在读文一教授的《科学革命的密码——枪炮、战争与西方崛起之谜》时，我反复联想起《三体》中"非人"的评论。人类的历史与刘慈欣想象中的未来惊人地相似。

[172] 目前的物理学对额外维研究很多，但对时空的更本质的解构还很少。进入21世纪以来，量子信息和引力的交叉学科发展迅速，或许可以为我们进一步揭示时空的本性。但目前，我们还是只能从一些简化的玩具对偶模型中，窥见引力与信息为时空编织的图景的一角。

[173] 阿兰·古斯是暴胀理论的创立者。这里我引述的是他2006年的论文"Eternal inflation and its implications"里面的观点。尽管古斯提出"年轻的宇宙"佯谬的目的并不是解释费米悖论（并且他试图通过规范选取来绕过这个问题），但是我当时刚好在李淼老师的指导下研究相关问题，读到古斯的文章，当时我首先联想到的就是它为费米悖论提供了一个新的解释。

[174] 虽然自从狭义相对论开始，宇宙不同位置的"同时性"就已经不具有唯一性。但是无论按照哪个观测者"同时性"的观念，或者技术上讲无论怎么画一张类空超曲面，永恒暴胀都会导致这张超曲面上，年轻的宇宙比年老的宇宙多得多。

中，除我们自己外，育婴室内有100个婴儿和一个成年人，我们如果随便碰到一个人的话，大概率碰到的是个婴儿。而在永恒暴胀导致的多宇宙中，我们碰到尽可能年轻的宇宙的概率接近于1，而碰到稍稍老一点点的宇宙的概率会下降到趋近于0。

也就是说，我们是我们宇宙中的第一种智慧生命（否则，我们生活的宇宙就不是尽可能年轻了）。既然我们都是宇宙中第一种智慧生命了，自然看不到其他智慧生命，也就没有费米悖论。

对费米悖论，还有很多其他解释。一个有点黑色幽默的解释是刘慈欣在科幻小说《诗云》中提出的，对于远远看着人类但并不了解人类文化独特之处的外星文明而言，

"只是听这个旋臂的一些航行者提到过，不是太了解。在这种虫子不算长的进化史中，这些航行者曾频繁地光顾地球，这种生物的思想之猥琐，行为之低劣，其历史之混乱和肮脏，都很让他们恶心，以至于直到地球世界毁灭之前，没有一个航行者屑于同他们建立起联系……快把他扔掉。"

接下来介绍《三体》读者最关心的黑暗森林假说。我们单列两节来讨论黑暗森林的内容。

黑暗森林：猜疑

博弈论：我预判了你的预判

黑暗森林假说和解释费米悖论的大多数其他假说不同。在多数解释费米悖论的其他假说中，各个外星文明（如果存在的话）之间的关系是静态的。一个外星文明的行为不会影响另一个外星文明选择如何行动。但黑暗森林假说不同，黑暗森林假说基于不同文明之间的交互，具有强烈的博弈论意味。

《三体》构建了一种"宇宙社会学"。宇宙社会学基于两条基本假设：

第一，生存是文明的第一需要；

第二，文明不断增长和扩张，但宇宙中的物质总量保持不变。

以及两个重要概念：猜疑链和技术爆炸。本书中，我们只讨论"猜疑链"这个要素。[175]《三体》中借罗辑和史强的对话，这样描述猜疑链：

（两个文明之间）你现在还不知道我是怎么认为你的，你不知道我认为你是善意还是恶意；进一步，即使你知道我把你也想象成善意的，我也知道你把我想象成善意的，但我不知道你是怎么想我怎么想你怎么想我的，挺绕的是不是？这才是第三层，这个逻辑可以一直向前延伸，没完没了。

网络上的一些热词，例如"我预判了你的预判""你只把我想到了第一层，实际上我在第五层"都是相似的意思。在网络讨论中，我们或许可以用一句"禁止套娃"来终止这个"没完没了"的讨论，但是在现实中，也就是说人类社会的现实中，这种猜疑是普遍存在的。这种两个或多个理性主体之间互相猜疑、互相斗争中，如何选择合理策略[176]的学问，叫作"博弈论"。博弈论的历史可以追溯到春秋战国时期的《孙子兵法》。数学家约翰·冯·诺依曼和约翰·纳什奠定了现代博弈论的数学基础。

囚徒困境

在博弈论中，最常被提起或许也是最震撼人心的例子，就是"囚徒困境"。

考虑以下情况：甲和乙俩人合伙犯罪，被抓住后被分别审问。他俩分别有两个选择。如果俩人都选择沉默，则每人在看守所被关押1天后获释。如果甲沉默，而乙检举甲，则甲将被判入狱10年，而乙可以立即获释。同样，如果乙沉默，而甲检举乙，则乙将被判入狱10年，而甲可以立即获释。最后，如果甲、乙互相检举，

---

175 李淼老师的《〈三体〉中的物理学》对于上述两条基本假设及技术爆炸都有精彩的讨论，推荐感兴趣的读者阅读。

176 不幸的是，合理策略未必是最佳策略。我们一会儿就要看到这一点。

则甲、乙都将被判入狱9年。[177]这种情况可以由下表直观表达出来。

	乙沉默	乙检举甲
甲沉默	甲1天，乙1天	甲10年，乙立即获释
甲检举乙	甲立即获释，乙10年	甲9年，乙9年

假如我们不考虑道德、出狱后是否遭报复等因素，只考虑在这一次审问中，甲和乙作为理性人从自身利益出发，如何选择才能让自己更早被释放，他俩应当如何决策呢？

粗略地看，如果两个人都选择沉默，每个人都能在1天后获得自由，这样不是最好的吗？但是，如果甲和乙是理性的，他们俩不会这样选择！为什么呢？我们可以为甲画一棵博弈树，来看看根据乙的不同决策，甲如何应对。由于我们画的是甲的博弈树，甲并不在乎乙怎么样，所以在结果中为明晰起见，我们只写出与甲有关的结果。

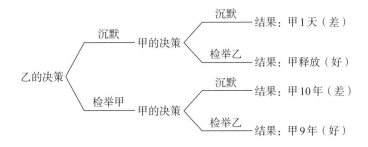

我们看到，无论乙如何选择（也就是说，无论甲如何预判乙的预判），针对乙的选择，甲更好的策略都是检举乙。所以理性使得甲选择检举乙。在这种情况下，无论乙如何选择，甲用同一个策略都能带来更好结果。这种策略叫作优势策略，或占优策略。

同理，乙的优势策略也是检举甲。这样的话，两个人最终获得了都被监禁9年

---

177 博弈论教材中经常避免选择1天和9年这么极端的对比，因为在现实中，太极端的对比可能会让人考虑更多道德感，偏离模型中人利己的假设，让模型失效。不过，这里我们刻意用比较极端的对比，一是体现比较极端的囚徒困境，二是提醒读者区分模型假设和真实发生情况之间的关系，也就是模型的局限性。

的结果,而不是每人被监禁1天。他们是如何得到这个结果的呢?因为他们理性!

囚徒困境告诉我们,不可能总是靠每个人的利己之心来达到一个完美的社会。相反,至少在一些情况下,利己之心会让事情发展到最坏的情形。《三体》中的黑暗森林就是这样。

不黑暗的森林

两个文明之间的关系可能有多种情况。有时会导致黑暗森林,有时则不会。一种最简单也不太黑暗的情况是,假如两个文明的科技水平一样,并且同时互相发现。在这种情况下,两个文明通过理性,分别会选择什么样的策略呢?

不黑暗的森林

	乙善意	乙恶意
甲善意	甲乙无损失,甚至双赢	甲毁灭,乙损失一个光粒
甲恶意	甲损失一个光粒,乙毁灭	甲毁灭,乙毁灭

在这种情况下,如果乙恶意,无论甲善恶都不影响甲自身的结果。如果乙善意,甲善意可以少付出一个光粒,甚至还能达到双赢的效果。那甲的最佳选择是善意。[178]这次我们得到的结果并没有像囚徒困境那么反直觉。在自然界,这种释放善意的现象其实很常见,大型食肉动物相遇的时候,除争夺配偶或极其饥饿等特殊情况外一般不会互相攻击。当然,这些动物并没有足够画出决策图的理性,但是进化已经将这个博弈法则写在了他们的本能里。博弈论可以解释进化论中很多与合作相关的难题。

黑暗森林

但是《三体》中的情况又有所不同。两个文明并不是同时互相发现的。比如说,

---

178 如果大家觉得这个分析有点"绕",可以自己画一个博弈图来分析一下。这里限于篇幅,我们就不对每个博弈情况分别画博弈图了。

甲先发现了乙（例如乙的坐标被人广播了），而乙在未来早晚也会发现甲。为简单起见，我们仍假设两个文明的科技水平一样，并且我们假设[179]双赢的收益和光粒的损失与文明毁灭相比可以忽略。

黑暗森林

	乙善意	乙恶意
甲善意	甲乙无损失，甚至双赢	甲毁灭，乙损失一个光粒
甲恶意	甲损失一个光粒，乙毁灭	甲损失一个光粒，乙毁灭

这时，甲的最佳策略是释放恶意，用光粒毁灭乙。"甲首先发现乙"这一点，改变了甲、乙同时恶意的情况下的博弈结果，于是立刻把宇宙从不太黑暗的森林变成了一个黑暗森林[180]！

有朋友曾告诉我：几十年前，大兴安岭森林中的偷猎者最怕的不是老虎也不是熊，而是其他偷猎者。其他偷猎者经常会夺走自己的一切，包括生命，所以他们要极小心地隐藏自己的行踪。我并未对这种说法进行考证，但是听到这种说法时深有感触，从森林到世界，到星系，再到宇宙，黑暗森林的存在具有多大的普遍性呢？

我们经常说"先下手为强"。但博弈论里却未必如此，先下手在对局势采取主动的同时，也失去了后手方针对性应对措施所具有的弹性。所以，先手后手谁占优势，需要具体问题具体分析。例如，棋牌游戏中的中国象棋、国际象棋和围棋[181]都

---

179 这个假设是根据《三体》世界观做出的。当然你可以不认同这个假设，从而得到没那么黑暗的宇宙。我不清楚哪个更接近事实。特别是，假如对方的恶意不一定导致自己毁灭，而双方善意导致的双赢收益又很大，这个博弈就更加复杂，陷入循环，没有简单的优势策略和劣势策略了。在这种情况下，均衡策略经常是个好的选择。我们将在下一小节讨论均衡的问题。

180 "黑暗森林"这个名字给人感觉有些负面。但是需要意识到事物具有两面性。黑暗森林法则是对文明无节制扩张的一种制约，让文明无法大张旗鼓地发动扩张战争，于是这种制约反过来也为弱小文明的发展提供了空间。

181 围棋可以通过"贴目"，让胜负规则向后手方倾斜，来制衡先手优势，达到相对平衡。

有先手优势，而德州扑克则有后手优势。所以，从博弈论的角度，就算宇宙是不那么黑暗的森林，我们仍然未必要做那个抢先下手、尽早跟其他文明联系的人。我们还是先倾听一下别的文明的声音[182]，再决定是否发声为好。例如霍金也曾经警告过人类：不要对宇宙发射信号，以免引来掠夺性的外星人入侵。

看到这里，你可能对博弈论心生反感，认为博弈论是教坏人干坏事的学问。

比如说，你可能觉得博弈论是教人如何自私自利的，是教人如何从一个粗放利己主义者变成一个精致利己主义者的。确实，一个粗放利己主义者可以通过博弈论知识把自己"升级"成一个精致利己主义者。但是，一个热衷公益的人同样可以通过博弈论知识把公益做得更有效。在教材中，博弈论的例子往往要最大化个人或小团体利益，这是因为个人收益是可以对每个读者以相同的方式量化的，只有把教材这样写，才可以适用于不同追求、不同价值观的所有读者阅读。但不幸的是，这种用追求个人收益举例的写法，也为博弈论带来了刻板偏见，甚至潜移默化地引导读者去做一个精致利己主义者。但事实上，教材中用个人利益举例，并不是说博弈论只可以或只应该用在最大化个人利益上面。例如前面举的公益的例子，当我们选择最大化的公益效果时，博弈论同样为我们提供科学的指导。学习博弈论时，应注意避免被教材举例所导致的刻板偏见影响。

比如说，你可能觉得博弈论是目光短浅的"一锤子买卖"，只注重一次博弈的成效，而忽视了长期的后果。这也是教材中多数例子给人的刻板印象。因为教材为了简化模型，除了单独介绍多次博弈的地方，多数例子只专注于单次博弈。而我们真正的人生与事业都是多次博弈的结果。"得道多助，失道寡助"。现实生活中，我

---

182 科学发展不是全凭规划来开展的。人类很难阻止一个科学家为了出名（或他本人信奉的理念，像《三体》中的叶文洁一样），率先向宇宙发出大功率广播。这也就是为什么即使大学里有"科学伦理委员会"，也经常出现有悖于伦理的研究一样。如何使科学向更负责任的方向发展是个重要课题。

们做的决策不止一次。如果考虑更复杂情况的多次博弈，计算机模拟表明，孔子的主张往往是最佳策略——"以德报怨，何以报德？""以直报怨，以德报德。"

再比如说，博弈的一些结果，像囚徒困境、黑暗森林，它们是黑暗的。但也有一些情况下，博弈可以产生正面的结果，例如避免战争。这就是博弈论中"威慑"的力量。

附：无法拦截的攻击

你可能会反驳我对黑暗森林的解读，认为前面我为"恶意"设置的成本太小了。或许甲恶意地攻击乙，但结果却是被乙打败了呢。当然，这种情况也是可能的。但是，假如攻击武器可以像光粒一样光速传播，对手实在很难反击。

如果甲感觉以光速传播的攻击武器还不够快，那么这里我和大家分享一下我在广义相对论教学中注意到的一件事：就算任何物体运动速度都不能超过光速，甲仍然可以用一种比光速还快的办法攻击乙，也就是说即使乙在甲发动攻击的同时以光速反击也于事无补了。

用不超过光速的武器，怎么能实现"比光速还快"的攻击呢？窍门就是黑洞，用《三体》的话说，就是让乙形成黑域。"他要是不形成黑域，你就帮他形成黑域。"甲可以发射一个以乙为中心的光子球壳[183]。只要球壳上的光子能量足够大，当球壳到达乙之前，就会坍缩成黑洞。比如说，甲发射的光子需要4光年才到达乙，但是在光子向乙前进的途中，只用2光年的时间，就先用黑洞视界将乙包围了起来。这样的话，尽管光子还需要2光年才能到达乙，但是乙已经没有反击能力了，并且乙的未来宿命就是掉进黑洞的奇点。这种终极的因果律武器，虽然难以部署，但是

---

183 这种攻击的前提，是甲可以动用宇宙中不同的设施对乙形成包围并约定时间同时攻击。或许这个前提不大容易满足。另外，熟悉广义相对论的读者不难发现，这是广义相对论里常见的一个假想实验，特别是可以用来研究黑洞的信息问题。

在原则上证明了存在一旦发动攻击就无法拦截或反击的武器。

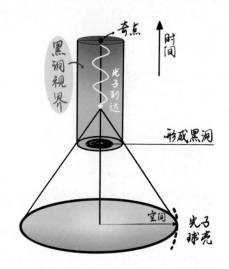

黑暗森林：威慑

剧透警告

首先声明，在本书中，我们尽量以不剧透的方式为大家介绍《三体》的科学知识。但在本小节，为了叙述的完整性，我们将不可避免地谈到《三体》第二部的核心情节，这会影响没有看过《三体》的读者的阅读体验。所以，请大家看完第二部小说后再阅读本小节。

我对三体说话

我印象最深的《三体》情节，就是当三体人大举入侵，人类几乎失去了一切的时候，罗辑站在叶文洁的墓碑旁，用手枪指着自己说："我对三体说话。"对此，很多网友也有同感。

罗辑离开墓碑，站到他为自己挖掘的墓穴旁，将手枪顶到自己的心脏位置，说："现在，我将让自己的心脏停止跳动……这不是谈判，是我继续活下去的要求，我只希望知道你们答应还是不答应。"

"让水滴，或者说探测器，停止向太阳发射电波。"

"让正在向太阳系行进的九个水滴立刻改变航向，飞离太阳系。"

"最后一个条件：三体舰队不得越过奥尔特星云。"

如果三体人不答应罗辑开出的条件，三体与太阳系的位置坐标将会被广播出去[184]。这样一来，三体人便"偷鸡不成蚀把米"，不仅地球失去了殖民价值，连三体人自己本来的家园也要丢掉。所以，罗辑的威慑是有效的，三体确实需要做出一些妥协。

威慑度与妥协度

不过，三体需要做出多大妥协？这里，我邀请你思考以下两个问题。

问题一：利用威慑，罗辑要求水滴离开太阳系，三体舰队不得越过奥尔特云，以及解除智子封锁，向人类转移技术。罗辑要价的依据是什么呢？要价为什么没有更高或更低一点？《三体》中也提到罗辑的威慑成功后，有鹰派建议提出更高的要价，要求三体人全体脱水交地球控制。如果不考虑道德因素，纯粹从理性角度分析，罗辑的要价和鹰派的要价谁更合理？用什么来衡量谁提出的条件更合理？

问题二：根据三体人的计算，程心的威慑度是百分之十，罗辑的威慑度是百分之九十，维德的威慑度几乎是百分之百。三体人为什么要定量计算"威慑度"呢？和简单为执剑人的威慑排序"程心<罗辑<维德"相比，定量计算威慑度有什么好处？

---

184 原文是，三体的坐标将被广播出去，太阳系和地球的位置也会同时暴露。这里暴露太阳系的坐标看起来像不得已而为之，但是，为了威慑能够成立，暴露太阳系自己的目标是必要的。如果只广播三体的坐标，三体人会更加决绝地占领地球，完全移民过来，这对人类而言是更坏的结果。

为了讨论这个问题,在下图中,我们列出对三体人而言,可能发生的各种情况。

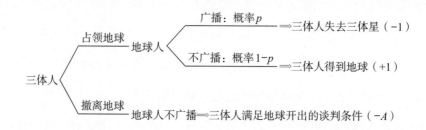

这里,再次提醒大家,三体人做决策的时候,我们无须列出地球人会遭到什么损失或得到什么收益。[185] 我们在上图的括号里量化了三体人的损失与收益,比如"三体人失去三体星",被我们量化为收益值-1(负号代表损失)。[186] 另外,如果三体人出兵占领地球,地球上的执剑人有概率p发出广播,这个概率应该就是《三体》里面威慑度的概念。为了讨论三体人可以满足地球开出的多么苛刻的条件,我们将三体人满足地球开出谈判条件的收益值以变量$-A$表示。

于是,我们可以计算:

$$占领地球的收益值 = p \times (-1) + [(1-p \times (+1)] = 1-2p$$

$$撤离地球的收益值 = -A$$

如果三体人撤离地球的收益值更大,也就是说:撤离地球的收益值>占领地球的收益值,三体人将选择撤离。由于罗辑的威慑度$p=0.9$,我们得到$A<0.8$。也就是说,只要罗辑提出的要求低于三体人失去三体星的0.8倍,三体人就会答应罗辑的要求。这样看来,罗辑的要求是合理的。而地球鹰派让三体人全体脱水的主张,

---

185 这是因为,这里唯一的选择是地球人罗辑提出条件后,三体人考虑是否接受。你能想出三体人为了自己的利益,应该如何与地球人谈判吗?本节末尾我们将谈到这个问题。

186 当然,这里我们为了简化问题,把三体人失去三体星量化为-1,把三体人得到地球量化为+1。现实情况更复杂,需要考虑到三体人失去三体星就失去了"一切",被迫转化为星舰文明,所以三体人失去三体星损失更大些。但另一方面,由于三体问题,三体星又没有地球环境优越,所以三体星价值更小些。如何把这两点纳入考虑,将收益具体量化,没有统一的标准,是具有主观因素的。

或许与让三体人失去三体星（－1）相比就要价过高了。从这个分析里也很容易看到，即使地球人没有任何附加条件（即$A=0$），想要三体人不占领地球，需要执剑人的威慑度至少在50%以上。程心的威慑度是10%，所以程心成为执剑人后，三体理性的选择是立即开始攻击。

谈判

说到这里，你可能有一个问题，或者我邀请你来想这个问题：上面的讨论有个反常识的地方，明明三体人拥有更强的军事实力，并且他们也拥有向宇宙广播的能力——地球人拥有的三体人有，地球人没有的三体人也有。但结果为什么是三体人乖乖让舰队转向，甚至要给地球提供技术呢？也就是说，为什么结果是对地球人有利而三体人吃亏呢？难道威慑时代突破了落后就要挨打的铁律吗？

为此，我们进一步分析一下罗辑与三体人的博弈和博弈论里相关案例的区别。这里地球人与三体人的博弈靠的是威慑度，也就是执剑人"要死一起死"的胆量，这一点有点像博弈论里的胆小鬼博弈。胆小鬼博弈是说：如果两艘船在海上即将要相撞了，至少有一艘船需要转向，而转向是有成本的，两艘船都想让对方转向，这时让对方感觉到自己的威慑度高不会转向，那么对方转向的概率就更大了。就像一个老笑话里说的，其中一艘船说："你必须转向，我是航母。"不料，另一艘"船"说："收到。我是灯塔。"

在胆小鬼博弈里，往往是"光脚的不怕穿鞋的"，但是胆小鬼博弈对双方也是对等的，穿鞋的一方往往也可以得到至少对等的对待，并没有三体"怎么算都是吃亏"这么被动的情况。那么三体人在与罗辑的博弈中，吃的到底是什么亏呢？

在回答这个问题之前，我们先看博弈论中一个著名的"分蛋糕"例子：考虑两个孩子（甲和乙）分一块冰激凌蛋糕。甲提出怎么分的建议，乙只能选择接受还是不接受。如果不接受，冰激凌蛋糕就会融化，两个孩子谁都吃不到蛋糕。在这种情况下，甲会分给乙多少呢？如果乙只考虑自己能吃到的蛋糕要最大化，那么无论甲分给乙多小的一口，乙都只能选择接受，否则乙就什么也吃不到。这就是没有机会讨价还价的下场。

如果乙有一次提出建议的机会，情况会发生什么样的变化呢？假设如果乙不同意甲的建议，乙可以发起第二轮谈判，提出一个新的建议，由甲选择是否接受。考虑到增加一轮谈判需要时间，冰激凌蛋糕会融化一半，所以乙的新建议是剩下的半个蛋糕怎么分。大家不妨计算一下，在这种情况下，甲和乙的最佳策略是什么？答案是：在这种情况下，甲在第一轮谈判会提出平分蛋糕，乙会接受这个建议。有趣的是第二轮谈判事实上并没有进行，但程序上可以存在第二轮谈判，却影响了第一轮谈判中双方的选择。

看到这里，你是不是已经明白了，三体人在与罗辑的博弈中，吃的是什么亏呢？

三体人吃的是"哑巴亏"。

在罗辑预设的"这不是谈判"的谈判桌上，三体人只有同意或拒绝的权利，而没有想到要先设置一个对双方公平的谈判规则。

如果三体人只是暂停舰队，并积极与罗辑谈判，比如不转移技术，这样博弈的决策就转到地球一边了。罗辑会因为三体人不转移技术而毁灭两个星球吗？根据常识显然不会。如果大家不信，也可以通过画地球一方的博弈树来确认这一点。按照博弈论，多轮谈判最终达到的结果，双方的收益会体现双方威慑能力的对比，应该可以得到一个三体人占攻势、地球人占守势的结果。

当然，是人在做决定，而人的行为未必是理性的，更未必是严格按照博弈论那种理性。就算罗辑不按牌理出牌，不按博弈论来做决定，三体人也起码提个条件试试，即使罗辑是极端的疯狂之人，也会否定和警告一下，不会在三体人提出条件之后马上就广播三体坐标吧。

为什么三体人放弃了与罗辑主动谈判的宝贵机会呢？罗辑说"这不是谈判"，三体人就放弃谈判的努力了吗？按说根据三体人思维透明的特点，三体人只要一见面，再一思考，就进行了无穷多次谈判，应该很善于博弈论才对啊。是否因为三体人过于惧怕地球人的谋略了呢？[187] 三体人"在战略上不敢藐视敌人，而在战术上又轻率、鲁莽"，所以，先是在进攻地球的战术上"犯冒险主义的错误"，接着又在最后谈判的战略上"犯投降主义的错误"。

执剑人程心

当然，并不是只有三体人犯了错误，程心在谈判中的表现也好不到哪里去。水滴需要10分钟到达地面，并且可以逆转。10分钟内可以谈很多条件。就算程心心里的底线是守护者而不是毁灭者，在这10分钟里，程心仍然能做很多努力，例如为地球谈好一点的条件，否则就按动广播开关；例如声称如果水滴到达地球大气层，就按动广播开关。

其实，技术上，广播开关也可以给执剑人更多控制的余地，比如做成一个可以匀速拉动的拉杆，拉到底就把地球和三体星球的位置信息全广播出去，拉一半就只广播一部分信息[188]，这样地球和三体星球就不是突然从有居住价值变成没有居住价值，而是有一个（概率上）渐变的过程，执剑人就可以选择停止这个渐变过程。触

---

187 我们可以参照威慑纪元末期人类方面的态度。"让人类集体做出毁灭两个世界的决定本来就极其艰难……当威慑失败时，人类的群体反应是完全可以预测的。"

188 技术上，地球一旦广播，地球自己的坐标就会暴露。所以，广播部分信息可以一开始广播伪随机信息，看起来和普通天体活动无异，随着广播的一点点进行，信息逐渐显露出来。举个例子，以前网速低，网站的一张图片要很长时间才能下载下来，老网民可能会注意到有两种图片逐渐显示出的方式，一是从上到下逐渐显示，二是从模糊到清晰逐渐显示，为达到从模糊到清晰的显示效果，把图像以交错形式的PNG保存就行了。我们这里的广播类似于第二种，地球的坐标也是一点点暴露出来的。

发这个渐变过程，一方面可以体现决心，增加谈判背后的威慑度[189]；另一方面，这也将博弈带到了博弈论中的"蛋糕在不断融化"模型（考虑到两个星球生存的概率在不断减小）。

但是，程心并不是一个合格的威慑者。面对三体人的全面进攻，

"不——"程心惊叫一声，把手中的开关扔了出去，像看一个魔鬼般看着它滑向远处。

不过，这个结果并不是程心自己选择的。正如事后智子冷笑着对程心说：

不必自责，事实是：人们选择了你，也就选择了这个结局，全人类里面，就你一个是无辜的。

不是每个人都适合做执剑人，好在也不是每个人都必须做执剑人。只要人类能有足够的智慧做出正确的选择就好。

当然，直到如今，我们的讨论中只涉及双方的博弈。即使发射光粒或二向箔的是第三方文明，第三方文明决策与地球、三体文明决策之间的相互影响并没有被考虑在内。一般来说，这需要第三方文明强大到"毁灭你，与你何干"的程度。假如三个文明实力大体相当，那么博弈就变得更复杂了。这里我们不再深入讨论这种情况。大家可以参考介绍博弈论的科普书，例如《策略思维——商界、政界及日常生活中的策略竞争》。另外，如果大家读一读地球人写的《三个王国的故事》，应该也会有启发。

文明的点状化

当我们读《三体》的时候，时常对刘慈欣审视宇宙文明的视角之高发出感叹。我们看这个世界时，往往着眼于自己、自己认识的人、自己有体验的那部分社会。

---

[189]《三体》中的按钮需要四个键按照一定顺序按下才生效，也可以一个一个地按下来体现决心和威慑度。但是"正在融化的蛋糕"可能威慑度更高。

而刘慈欣则往往以"人类"起笔，仿佛他是站在太阳系的边缘，审视此时在视野里连一个像素都占不到的地球[190]。海子有一句诗：今夜，我不关心人类，我只关心你。读《三体》会让我有这样一种感觉：今夜，我不想你，我只关心人类。

在《三体》第一卷的后记中，刘慈欣曾提到：

要回答宇宙道德的问题，只有通过科学的理性思维才能让人信服。这里我们能很自然地想到，可以通过人类世界各种不同文明的演化史来同宇宙大文明系统进行类比，但前者的研究也是十分困难的，有太多的无法定量的因素纠结在一起。相比之下，对宇宙间各文明关系的研究却有可能更定量更数学化一些，因为星际间遥远的距离使各个文明点状化了，就像在体育场的最后一排看足球，球员本身的复杂技术动作已经被距离隐去，球场上出现的只是由二十三个点构成的不断变化的矩阵。

这段话非常深刻。这个世界确实是这样组织起来的。以不同的视角、不同的尺度，你会看到不同的现象，从这些不同现象中，你可能会提炼出不同的意义。

层展现象

不同尺度看到不同的现象，这在物理学中叫作"层展现象"，也就是说，物理现象随着尺度一层层地展开。就好比上文中提到的，从近处看球赛，我们能看到球员的动作、表情，但是不容易看到全场的进程（所以一个球员的大局观才如此难得）；而从远处看球赛，我们看到的是二十三个点构成的矩阵。我们看到的现象不一样，从现

---

190 你可能听过卡尔·萨根笔下的"暗淡蓝点"。当旅行者号旅行到太阳系边缘的时候，萨根建议，让旅行者号调转机身，为太阳系拍摄一系列照片。之后，这些照片被合并成一张，即太阳系的一张"全家福"。在这张"全家福"中，地球只占0.12个像素。因这张照片有感而发，萨根说："再来看一眼这个小点。就在这里。这就是家。这就是我们。在这个小点上，每一个你爱的人，每一个你认识的人，每一个你听说过的人，每一个人，无论是谁，都在此度过一生……也许没有什么能比从遥远太空拍摄到的我们微小世界的这张照片，更能展示人类的自负有多愚蠢。对我而言，这也是在提醒我们的责任所在：更和善地对待彼此，并维护和珍惜这颗暗蓝色的小点——这个我们目前所知的唯一的家园。"

象中抽象出的规律也不一样。比如支配原子内部电子运行的规律是高度量子性的、随机的，就像在近处看球赛一样；而当我们在远处看时，我们看到的是一大群原子发生化学反应，或者组成的气体、液体、固体的性质。原子被点状化了，原子内部的量子效应不再重要，它们被隐去了，无论原子内部的电子如何随机与狂暴地运动，我们都看不到了，原子内部的量子运动被抽象成原子的一系列化学性质、热力学性质、流体力学性质和固体物理学性质。在原子内部的电子层次上及在大批原子相互作用的层次上，每一层有每一层自己的自然规律，甚至对应的学科名称都不一样（物理或化学）。

支撑层展现象的底层原理叫作"重整化群"。所谓重整化群，就是把小尺度的物理细节"隐去"[191]，就像刘慈欣说隐去"球员本身的复杂技术动作"一样，就像他去把文明概括成一个点的尝试一样。在不同的尺度上，不同的现象就向我们层层展开了。

为什么世界可以理解？

你可能没听说过"层展现象"，因为它不是一个具体原理，而是"原理之中的原理"，我们甚至可以说，层展现象是所有科学中最基础、最重要的一个原理。因为，我们之所以能够认识世界，发展出现代科学，都有赖于层展现象的存在。

假如没有层展现象，会出现什么麻烦呢？假设你是牛顿。当你希望建立起一个统一天体运行和苹果落地的力学规律的时候，你发现自己面临一团乱麻，因为你还不了解物体的内部结构，不知道物体是由原子、分子组成的，更不知道原子里面的量子力学……假如没有层展现象，这些物理规律杂糅在一起，给你无从下手的感觉，要么一个物理定律也发现不了，要么一下发现所有物理定律。就算你是牛顿，你也没有聪明到一下子发现所有的物理定律，所以你就什么物理定律也发现不了。

而正是由于层展现象的存在，从苹果落地到天体运行这个尺度的规律，不依赖于更小尺度的原子尺度的物理规律（量子力学），也不依赖于描述整个宇宙尺度

---

191 技术上，我们可以用积分技术把这些细节"积掉"。

所需的物理规律（广义相对论），而可以由单独的物理规律——牛顿定律表现出来。因此你才能对自然规律各个击破：先发现牛顿力学，等牛顿力学不够用了，再去更小的尺度做更多的实验，从而发现量子力学；以及去更大的尺度做更多的实验，发现广义相对论。我们还可以到比寻常量子力学更小的尺度，去寻找量子引力理论。由量纲分析可以发现量子引力理论应该出现在 10^{-35} 米的尺度上，[192] 这个尺度或许是空间有物理意义的最小尺度。

我们也可以从另一个角度来说明层展现象的重要性。描述这个世界的最基本理论或许是一个量子引力理论。目前我们还没有完全理解量子引力理论。但是，重整化群告诉我们：没关系，这就好像坐在足球场最后一排看不见球员的技术细节一样，我们看不到量子引力现象的技术细节，它们对我们研究大尺度的物理不重要。虽然我们还没有搞清楚量子引力，但这并不妨碍我们搞清楚量子场论、量子力学、化学、生物学、牛顿力学和天文学。

爱因斯坦说："这个世界上最不可理解的事情，就是这个世界居然是可以理解的。"在我们理解了层展现象与重整化群之后，我们对"这个世界上最不可理解的事情"的理解稍稍多了一点：这个世界可以按照层展现象，一层一层地去理解，就好像我们一层一层把洋葱剥开一样，每剥一层，都足以激动得让我们热泪盈眶。

文明的点状化与层展

如果我们对层展现象进行更深入地思考，从物质层面深入价值层面，我们就自然地从个人的角度过渡到社会的角度，以至于过渡到站在太阳系边缘的角度，就像

192　早在一百多年前，物理学家普朗克就预言了这个尺度，而他依赖的工具是简单的量纲分析：普朗克是量子力学的开创者，他首先发现了一个新的尺度：量子尺度，由约化普朗克常数 $h \simeq 1.05 \times 10^{-34} \text{J} \cdot \text{s}$ 表示（读作"h拔"）。他继而发现，这个常数与其他两个物理常数，牛顿引力常数 G 以及光速 c 组成一个长度量纲的常数：$l_p = \sqrt{hG/c^3} \simeq 1.62 \times 10^{-35}\text{m}$，这就是量子引力的尺度，现在我们叫它普朗克长度。

刘慈欣说的,把一个个文明"点状化"的角度。这是因为价值是从物质世界的规律抽象出来的,每个尺度的物质世界的不同规律抽象给我们不同的价值。

站在太阳系的边缘,单个人的价值就被隐去了,你看到的是整个人类,而不是哪一个人类的个体。这是你看世界的尺度决定的——我在此重申,这并不是说单个人的价值不重要——单个人的价值在单个人的尺度上非常重要,但是当你站在太阳系的边缘,静观这颗湛蓝的星球是否有一天会变得灰黄,是否有一天会有巨大的星舰从这个星球出发奔向宇宙时,你看不到单个人。在这个尺度上,你连一个人都看不到,从哪里去抽象单个人的价值呢?

站在太阳系的边缘,你能看到人类的一些努力,能看到人类是把太阳系的其他星球也改造成湛蓝,还是把自己的星球都变得荒芜;能看到人类是飞出这个星系,还是直至灭绝都困死在自己的摇篮当中。站在太阳系的边缘,你却看不到人类的其他的一些努力,看不到医疗的进步让人类长寿,看不到元宇宙让人类宅在家里享受虚拟时空。站在人类的尺度上,这些显然是有巨大意义的,但是站在太阳系的边缘,你看不到它们。站在太阳系的边缘,你看到的是人类的另一种价值,人类整体的、点状化的价值[193]。

不幸的是,点状化的价值和个人的价值常常有抵触[194]。就拿星际移民来说吧。从点状化的价值来看,或许星际移民是一个文明最重要的事情,让文明从一个点变成多个点。但是对个体价值而言,谁愿意放弃地球上的好生活,筚路蓝缕,去过太空中的苦日子呢?这必然会延缓星际移民的进程。这种抵触是令人痛苦的。我们的思维从个人价值出发无可非议,但是作为整个人类社会,或许在不太影响个人价值的

---

193 当外星人衡量人类文明的时候,他们是通过点状化的价值来衡量吗?有可能,但也不是必然。比如在刘慈欣的《乡村教师》中,外星人就是通过"抽样"的方式,而不是通过人类文明的整体特征来衡量人类文明的。这种抽样的方式,体现的更多的是人类个体的价值。但在《三体》中,反正没有更多事情可做所以顺手毁灭了人类的歌者,他的操作无疑是在点状化的文明层面。

194 例如在阿西莫夫的《机器人与帝国》中,在机器人三定律之前,提出了需要增加机器人第零定律的需要。

时候，应该更多地追求一些在点状化价值上也有意义的事情，这样才会让人类变成宇宙中更伟大的一种存在吧。

举一个点状化价值和个人价值抵触的更极端的例子。埃隆·马斯克在接受采访时说："大部分人没必要活那么长，寿命过长将导致'社会窒息'……如果他们不死，我们就会被旧观念束缚，社会就不会进步。"马斯克这个观点在网上遭到多数人的谩骂，但也有一小部分人支持，两方吵得不亦乐乎。

我并不赞同马斯克的观点，但我认为批评马斯克的人多数也没有批评到点子上，而是在鸡同鸭讲、关公战秦琼。因为如果你是一个极端的"点状化价值主义者"，认为在点状化价值面前个人价值不值一提，你就不得不认为马斯克说的是对的。我不赞同马斯克"大部分人没必要活那么长"的原因有二点。

第一点，我觉得我们应该追求个人价值与点状化价值的一个折中。当然，这一点是个人观点，没法比较谁比谁更高明，或谁比谁更正确。

第二点，马斯克本人并没有贯彻"极端点状化价值"的思想，他要不就是没能达到个人世界观的统一，要不就是没达到个人言行的统一（如果一个人践行极端点状化价值，或许很难融入社会，所以请你别试图做一个极端点状化文明主义者）。比如，他也持很多个人主义的价值观，以及他希望用脑机接口对抗人工智能，这些都不是极端点状化价值的观点。对于极端点状化价值主义者来说，如果人工智能变得比人类更强了，让人工智能取代人类是个好事，不需要担忧（强调：这是对于极端点状化价值主义者而言的，当然我并不认同）[195]。马斯克用一种底层价值观论证一

---

[195] 行文至此，我想起自己曾和一位同事辩论关于太空旅行的问题。他认为，人类不需要自己走出地球，送机器人出去就行了。送机器人出去不需要复杂的生命维持系统，不需要严格的防辐射手段……比送人类出去方便得多。所以，就算地球文明灭绝了，送机器人出去做人类文明的备份就行。这就是一种极端点状化文明的观点。我对此的观点是，除非人类以渐变的方式逐渐变成机器人，否则，我们无法用个人的价值认同这些机器人是人类的延续，也就无法接受用机器人延续人类文明的观点。

件事情，又用另一种底层价值观论证另一件，只要最后结果对自己有利就好，这种典型的双重标准并不值得提倡。

现在我们回到对点状化价值的一般讨论，这种价值层面的隐去与展开并不只有个体与点状化的文明两个极端，而是一个渐变的过程。人类作为社会性动物，在价值层面的特点就在于能部分抽离自我，感受到更高的价值。人之所以为人，是因为其可以直观感受到高于自己层面的价值，能够不仅站在自身的角度，还可以感受小我与大我、私德与公德、小民尊严与大国崛起，没有社会化属性的动物是意识不到后者的。我觉得，这才是小写的人与大写的人之区别。这种对群体价值的体会，并不与智力甚至智慧正相关。更社会化的动物，比如蜜蜂、蚂蚁，虽然个体智能很低，但因把群体价值放在更高的地位，一个群体中少有内耗，从而体现出高度的群体智能。不幸的是，在现代，世界上有一些思潮，着力于打破两者的和谐，强调极端个人价值[196]。从人之所以为人的角度，这是否算是一种反人类的倾向呢？当然，这里我的讨论目的并不是将小我与大我对立、极端化或制造矛盾，恰恰相反，我希望强调小我与大我的和谐。"一室之不治，何以天下家国为？"小我也是大我的支撑。比如说《三体》中，维德与章北海这两个人物有什么区别？我个人的看是[197]：在抽离自我后的价值层面，这两个人很像，为人类的命运"前进，前进，不择手段地前进"，这个层面，维德或许更坚决、更宏大；但是在私德层面，维德似乎并不那么高明与自洽[198]，或许这是维德最终没有拯救人类的内在原因。

---

196 也有人宣称，在某些社会制度下，达到了极端的个人价值，群体价值就自动实现了。这种宣称虽然在古典经济学上取得了一定的成功，但是仔细考察，其面临重大困难。请看看博弈论吧，看看囚徒困境，就知道个人价值与集体价值不总是一致的。

197 去比较两个受大量朋友喜欢的人物，是不招人喜欢的。如果这种比较对一些朋友有所冒犯，事先道歉。

198 不自洽的意思是，对多数人过低，对程心似乎又有点高。

给岁月以文明

事物存在于斯，但是不同的人却对此会有不同的感受。正如范仲淹笔下的迁客骚人，面对同一个洞庭湖，同一幢岳阳楼，"览物之情，得无异乎"？

我本想在上一小节结束本章。但是，在我和网友交流的过程中，我感到，当有些朋友的思绪发散到宇宙的尺度时，这种思绪会带给这些朋友一种负面、压抑、无意义的感觉。对这个世界多一些了解，反而给自己套上了思想的枷锁。所以，我希望加上一小节，和大家聊聊，用一种积极的心态看待宇宙。

正如我们上一小节说的，从层展现象到点状化文明，宇宙这种尺度的"意义"，本来就不属于我们的七尺之躯。而我们以七尺之躯，何以妄议宇宙的目的与意义？在刘慈欣的《朝闻道》中，排险者也答不出的问题，我自然没有标准答案。但是，我想和朋友们说的是，既然没有标准答案，那么我们既可以消极地去想，也可以积极地去想，何不更积极地去解释我们与宇宙的和谐存在呢？

如果你对熵增和宇宙的混乱感到灰心，请你想一想宇宙中的星系结构居然是从一团再混乱不过的热汤中生长出来的。这就是引力的特点，熵还是增加的，引力坍缩会导致辐射，但是宇宙仍然会变得更加丰富多彩。

如果你对本星系群孤独的未来感到灰心，请你想一想我们还搞不清暗能量的性质，宇宙的终极未来到底是什么样还有待于一代又一代的宇宙学家去探索。退一步讲，就算宇宙未来真的是宇宙常数导致的孤独寂寞，你还记得庞加莱复现时间吗？宇宙总有一天还会再热闹起来的。

如果你对"宇宙太大，光速太慢"感到灰心，请你想一想缓慢的光速是不是也保护了人类这样还处于襁褓中的文明呢？假如光速无限，一个文明发达了就可以迅速侵占全宇宙的空间，那么宇宙中还有人类的生存空间吗？

人的一生和宇宙的命运相比太短暂了，就算和人类文明相比也如白驹过隙，所以过好我们的一生就好。如果你因宇宙而感到压抑，想一想我们前面提到的层展现象，多在我们自身的尺度去寻找我们存在的意义。

"心怀宇宙天地宽"。这句话引自国家天文台的陈学雷研究员在科学网博客的签名档。当你在有烦恼的时候，想一想宇宙，这些烦恼便烟消云散；而锐意进取时，想想自己，想想社会就够了，"宇宙很大，生活更大"，地球已经是个足够大的舞台。

第六章

物理学不存在？

物理学不存在？

因为这个问题，杨冬结束了自己的生命。因为这个问题，叶文洁决绝地背离了世界。因为这个问题，丁仪失去了爱侣，汪淼的照片中不再有灵魂，那座林间小屋不再有护林人，而杨冬的高中同学罗辑，也随着一声叹息改变了自己和人类的命运。

自然，杨冬的死，是文学作品的艺术表现。弱小如褐蚁，仍对生存充满了信心，何况是在归零者广播中留下自己语言的人类呢？我们人类伟大的基点，是我们的存在。无论何种境遇，我们都应珍惜自己的生命。

但是，困扰杨冬的问题何尝不困扰我们？物理学到底存在吗？

你可能对这个问题不以为然。智子又没有真来扰乱我们的物理实验。但是，如果物理学的存在性没有任何问题，智子又如何能糊弄得了物理学家们呢？你会指着物理教材说物理学不存在吗？物理学不是存在于我们的课本上吗？但是，书中的存在就是存在的吗？"三体人"也存在于《三体》这部著作中，他们存在吗？你可能指着下落的苹果说，物理学不是存在于无数次被验证了的物理现象里面吗？现象是存在的，但是现象的抽象还存在吗？物理学敢不敢说自己是自然现象的忠实抽象呢，又敢不敢说自己得到了"真理"呢？人间有爱，人间有美，爱与美又客观存在于世界里吗？所以，存在的问题没那么简单。自然科学还没有触及存在的本质。我们也不知道如何确知物理的存在。物理学本身是一门寻根究底的科学。不过在本章中，我们更进一步，来寻一寻物理学的根，探一探物理学的底。

本章导读

本章先从自然性入手，讨论"大自然真的是自然的吗"？接着，我们讨论一个假想问题：假如我们的物理学被智子锁死了，我们还能不能进一步做出基础物理学发现呢？之后，我们将讨论科学哲学，站在科学哲学及整个物理学大厦的高度上讨论如下问题：物理学存在吗？如果存在，物理学建立在严格的逻辑基础上吗？像物理学这样的科学如何定义？划分科学和其他人类活动的标准是什么？最后，我们聊一聊物理学的美体现在何处？物理学家为什么因物理学而着迷？

大自然真的是自然的吗？

在《三体》中，地球物理学家向杨冬介绍生命对地球的影响。生命改变了山脉的分布，甚至海洋的存续。杨冬即刻意识到那个令她感到可怕的问题：

那宇宙呢？

她进一步追问下去：

那么，宇宙现在已经被生命改变了多少，这种改变已经到了什么层次和深度？

这个问题深深伤害了她。如果你像汪淼一样到过杨冬的房间，感受过那森林的气息，就会理解，没有哪个物理学家会比杨冬更在乎大自然的自然性。而当杨冬停止思考时，留在她潜意识里的最后一个问题就是：

大自然真的是自然的吗？

《三体》中的隐藏回答

《三体》对大自然的自然性给出了一个科幻式的答案。首先，杨冬的绝望是受到了智子的影响，否则她不会看到加速器上令人绝望的随机数据。但是，除智子的影响外，《三体》中也包含向更深层次的发问，例如其中提到，如果大爆炸的参数偏离一点点，就不会有重元素出现。[199] 自然刚好让生命可以出现，这是自然的吗？

大家可能会回想起高等文明利用物理定律进行战争。例如，一个文明先把自己改装成适应低维文明的形态，再把宇宙降到低维，这样，就消灭了不适应低维形态的其他文明。假如真有这样的事情，这个文明刻意地让低维的物理常数适应低维生命的存在，或许就解释了大自然的自然性问题。这是对大自然一系列自然性问题的一个天马行空的解释[200]。

如果我们把视角从科幻拉回到科学，科学很难接受上文中对自然性的科幻解释。这是因为科学要基于尽可能简单的证据链。我们连外星人都还没有发现，更别说是能改变空间维数的高等文明，以及他们之间的战争（在《定律之战》一章中，我们也阐述了这种假想不符合宇宙观测之处）。证据链的每一环都是想象，这是好的科幻，但不是可接受的科学。所以，面对自然性问题，我们需要寻找更严肃的科学解释。在寻找科学解释之前，我们也要更仔细地讨论一下定义问题：既然要问大自然的自然性，那么什么是"自然性"？

---

199 《三体》中说，"如果大爆炸的参数偏离亿亿分之一，就不会有重元素出现，也不会有生命了。"这里既然涉及重元素，"参数"应该指的是氘元素的结合能让原初核合成得以实现，以及碳－12原子的一个状态的能量刚好和铍－8和氦－4的能量和接近，所以在恒星中能形成碳，让恒星中重元素的合成可以进行下去。

200 如果非要为这种天马行空的解释归个类的话，这种科幻解释也应该算是一种智慧设计理论。

巧合与解释

在物理学中，自然性通常指两个物理量本来看起来没什么关系，但它们刚好是一个量级的，甚至几乎精确相等。如果没有更本质的原因，自然性问题也可能由巧合来解释。这就好比两个素不相识的人在香港相遇，聊起来以后发现，一个来自辽宁省锦州市，另一个刚好也来自辽宁省锦州市，刚好还上过同一所初中。如果你是其中一个人，你会不会感觉到"这也太巧了吧"！用上面"自然性"的语言来描述，就是这两个本来没什么关系的人，刚好有这么多的相似之处。[201]

在物理学中，我们可不喜欢纯粹的巧合，因为物理本来就是理解世界运行的学问，我们更喜欢找到一个理由来解释它们。在物理学史上，科学家发现过很多自然性问题，看起来是巧合，但是后来，当我们理解了更基本的物理理论后发现，其实这些问题并非巧合。

我们以熟悉的电子为例[202]来说明在物理学中，一些看起来"巧合"的问题实际上并非巧合。

电子会产生电场，而电场具有能量。离电子越近，电子的电场能量就越大。根据爱因斯坦的质能关系 $m = E/c^2$，我们知道，这部分电场能量也对应质量，这是电子质量的一部分。目前，我们能探测到的最小空间尺度是 10^{-19} 米，在这个尺度上，

---

201 不过，人生中的巧合和物理学中的巧合有一点区别：文中的例子就是我在香港科技大学物理系碰到的，大家人生中可能都经历过类似的巧合。其实这没什么大不了的，我们生活中的每一天都会发生些事情，在这上万件事情当中，遇到一两个万分之一概率的巧合，完全是正常现象，只是因为我们经历的事情太多了而已。这种"巧合不巧"，在统计中叫作看别处效应。相似的还有"生日悖论"：班上肯定有同一天过生日的同学。看起来很巧，但是计算概率后，就发现其实概率很高。在物理学中，我们谈论自然性问题或巧合问题时通常更细心一点：我们并不是在海量的物理数据中专门找两个相似的，相反，我们经常考虑一个量的两个组成部分。比如说一个粒子的质量，包括考虑量子力学效应前粒子本来的质量和量子力学效应对粒子质量的修正。既然质量只有这两个组成部分，就不能用"看别处效应"来解释了。

202 这个例子来自村山仁2000年的讲义《超对称现象学》。

电磁场为电子贡献的质量约为1000GeV[203]。另外，电子还可以具有一部分除电场能以外，电子本身的质量。我们实验中测量到的电子质量是电场能量对应的质量与电子本身质量之和。

（电子质量：0.0005GeV）=（电场能量对应的质量：1000.0000GeV）+（电子本身质量：−999.9995GeV）

看起来，电场能量和电子本身质量是风马牛不相及的东西，它们为何刚好彼此精确相消，最后剩下一个极小的电子质量呢？这就是一个自然性问题。

但是，当我们知道世界上不仅存在电子，还存在电子的反物质——正电子时，那么我们就可以理解上面的"巧合"其实并不是真的巧合，而是可以解释的。这是因为，由于量子力学，在比2×10^{-12}米更小的尺度上，电子–正电子对频繁地在真空涨落中产生出来。所以，我们前面计算电磁场能量的公式就不再适用。[204] 利用正确理论计算出的电子质量，就不再有上面的大数相消问题了。

物理学中很多的自然性问题都可以由上面的办法解释——看起来，一个物理量的不同组分是不自然的，具有大数相消的特征，但是经过仔细研究，我们发现这个大数相消背后蕴含一个特别的物理机制。所以，自然性问题不仅不是个讨厌的累赘，反而变成了我们发现新物理的"探测器"。比如说，为什么宇宙的三维空间如此平坦？为什么粒子物理中的π介子质量那么轻？物理学家们注意到了这些自然性问题，继续向更深层次追问，找到了更深刻的新物理。

203　GeV是自然单位制下的一种质量单位，在粒子物理研究中很常用。这里我们列举的数字1000并不精确，只为了说明精细调节这个问题以及它的解决方案。

204　应该怎么计算更小尺度上电子的质量修正呢？这就是量子场论的内容了，这里我们不做过多介绍。大概地说一下，这是一种"对称性"：电子的手征对称性，保护了电子的质量修正不会变得太大。这也使电子质量不再是个大数相消的精细调节问题。

人择原理

物理学中还有一些自然性问题，它们更特别一些：物理常数中，两个大数相消之后，留下的数字特别巧，这样的宇宙刚好容许人类这样的智慧生命存在。[205] 比如说，宇宙的膨胀速度可能就是个大数相消问题（下一节会在"暗能量"部分继续讨论这个问题）。不过，作为大数相消的结果，宇宙的膨胀速度刚好是容许人能存在的。如果宇宙膨胀速度太快，就会使得在宇宙中星系都来不及形成时，物质就已经彼此远离，变得太稀薄。如果宇宙膨胀速度太慢，那么还没等宇宙中星系形成时，宇宙就已经从膨胀转入坍缩。这样的话，宇宙中没有星系，也就没有人类了。

那么，宇宙的物理定律刚好容许人存在是不是巧合呢？有些物理学家试图用一种不太物理的"人择原理"解释这种巧合：假如说存在多个宇宙，有些宇宙中的物理定律不适合人的生存，有些宇宙中的物理定律适合人的生存，那么既然我们存在并且聪明到可以问关于物理定律的问题，我们就一定生活在适合人类生存的宇宙当中。例如，宇宙膨胀速度就可以用人择原理解释。

这个宇宙中的一些现象，确实是可以用人择原理解释的。比如，为什么我们生存的星球刚好是一个处于宜居带内的星球，具有液态水？我们看到宇宙中有很多行星，我们只能存在于适合我们存在的行星（或卫星）上面。所以，我们的行星具有液态水可以用人择原理解释。

---

205 严格来说，刚好容许人类存在的巧合问题并不完全包含在大数相消导致的巧合问题里面。有些容许人类存在的巧合问题并不是两个大数字相消的结果，例如我们前面提到的"大爆炸的参数偏离一点点，就不会有重元素出现"。这样的例子还有很多（但是很多也处于争议之中，毕竟我们难以界定智慧生命出现的精确条件），例如引力的强度、强相互作用与电磁相互作用的比值、夸克质量比值等。

如果大家熟悉统计学中的"幸存者偏差"，会发现人择原理和幸存者偏差有点像。[206] 只不过，幸存者偏差是时间延续性上的幸存，而人择原理是在多宇宙多样性上的幸存。如果人择原理是对的，那么我们是幸存者，而很多与人的存在有关的巧合问题就没有指望能找到一个物理解释了。

很多物理学家不喜欢人择原理有两个原因：一是人择原理要能够成立，需要存在具有不同物理定律的多宇宙，这些多宇宙是不可观测的（按照奥卡姆剃刀原理，科学中往往不需要不可观测的东西）；二是如果一个物理量可以用人择原理解释了，我们就不再期望它可以用第一原理计算出来。所以，未来有待于我们探索的新物理就少了一些。但是我们的喜好并不是判断科学正误的标准。基于多宇宙的人择原理成立吗？我们目前还不清楚。

自然性这个问题自然吗？

你可能还记得"层展现象"，我们在《黑暗森林》一章的章末提到过，即物理规律在不同长度尺度下，像剥洋葱一样一层一层地展现在我们面前。基于层展现象，

---

206 幸存者偏差的一个典型例子是：在第二次世界大战中，一些飞机中弹但是最终仍然安全返回了。根据对大量中弹后返回飞机的统计分析，人们记录了飞机的哪些部位中弹多，哪些部位中弹少。在设计下一代飞机的过程中，你应该对中弹多的部位加强防护呢，还是对中弹少的部分加强防护呢？我们的第一感觉可能是对中弹多的部位加强防护，因为这些地方更可能被子弹打中。但是转念一想，其实恰恰相反，子弹又没长眼睛，打到飞机不同部位的概率是差不多的。如果飞回的飞机当中某些部位中弹少，恰恰说明这些部位中弹后大概率无法返航了。所以应该对中弹少的部位加强防护。

我们可以进一步问"自然性问题的自然性问题":在目前基础物理[207]前沿这个层次上,我们看到的自然性问题和在其他层次上看到的自然性问题相似吗?还是体现出一定的区别?

前面我们已经提到我们希望能解决基础物理中的自然性问题,这种希望的逻辑基础不强,主要是靠经验基础,而经验基础就是在别的尺度层次的物理现象中,我们解决过不少"自然性问题"。也就是说,基础物理中的自然性问题和别的尺度层次上的自然性问题是有相似性的。

但我们还是注意到一点区别。在别的尺度上,我们通常遇到大量的现象学问题[208]和少量的自然性问题。但是,在基础物理的尺度上,我们遇到的自然性问题几乎和现象学问题一样多!在基础物理尺度上,我们遇到的大问题有以下几个。

什么是暗物质? 暗物质是一种未知粒子[209],我们通过星系、星系团和整个宇宙中的暗物质的引力效应发现了它,但是还没有通过除引力之外的手段找到它。暗物质占宇宙总能量的20%左右。暗物质问题的核心是暗物质的性质,不是个自然性问题,但是暗物质问题的一个重要组成部分是自然性问题,即为什么暗物质和原子物质的比例5:1是一个不太大也不太小的数。也就是说,假如暗物质和可见物质

---

207 什么叫"基础物理"?这也是个有些争议的概念。根据层展的观点,每一个"层次",也就是说每一个长度尺度下,物理学规律都是"基础"的。但是这样的话,似乎"基础物理"就是一个空泛的概念了。我们讲的基础物理,是从还原论的意义上,无法还原成更基础的物理学的那部分物理。我们几乎可以将世间万物还原成基本粒子的物理规律,除整个宇宙之外——整个宇宙的规律被广义相对论主导,在我们完全理解量子引力(极小尺度的引力效应)之前,我们还无法还原整个宇宙的物理规律。所以,我们这里说的基础物理包含两个尺度:最小的基本粒子和最大的宇宙。或许,未来我们理解量子引力后,可以最终以还原论的观点理解宇宙(或者反过来说可能更符合物理学发展的时间关系:我们对宇宙的理解,可以为理解量子引力提供更多的还原论性素材)。

208 现象学问题指和解释实验现象有关的,除自然性以外的问题。比如原子物理中的原子光谱,以及基础物理里面暗物质是怎么产生的。

209 或引力性质像粒子的其他东西,例如场的振荡,甚至原初黑洞。

之间没什么关系，宇宙中暗物质和可见物质的多少应该是任意的，比例可以非常夸张。但为什么宇宙中的暗物质和原子物质差不多是同一量级？

什么是暗能量？ 暗能量是驱动现在的宇宙加速膨胀的神秘力量[210]，它占宇宙总能量的70%左右[211]。目前实验上最符合观测的、理论上也最简单的暗能量模型是宇宙常数与物质的真空能。这里我们就不展开讲宇宙常数和物质真空能到底是什么东西了，但它们是看起来非常不同的两样东西。宇宙常数和真空能的数值都非常巨大，它们加到一起，要非常精确地彼此消掉，只剩下原本的$1/10^{120}$。比如说，在某单位制下，宇宙常数的值是：

166 036 440 782 220 663 093 919 247 281 388 585 481 367 511 462 827 678 375 611 816 460 124 527 961 589 058 928 500 021 929 713 537 301 598 798 448 533 841 554 048

真空能的值是：

166 036 440 782 220 663 093 919 247 281 388 585 481 367 511 462 827 678 375 611 816 460 124 527 961 589 058 928 500 021 929 713 537 301 598 798 448 533 841 554 053

按道理，这两个数字是没有关系的（因为宇宙常数和真空能看起来不一样），就好像彼此独立的随机数一样。但是，它们的前120位都一样，第121位才有区别。这简直太不自然了！宇宙常数和暗能量的巧合问题或许是物理学中，甚至整个科学中最大的自然性问题[212]。

为什么宇宙中的物质比反物质多？ 这也是个巨大的自然性问题。早期宇宙非常

210　暗物质和暗能量的区别是：暗物质的引力相互作用是正常的，而暗能量连引力都不正常。暗能量之间体现为排斥力，所以才让宇宙加速膨胀。

211　也就是说，暗物质加暗能量占了宇宙总能量的95%，而我们熟悉的原子物质只占5%。大家有时看到个有点夸张的说法，说我们对宇宙只了解5%，就是这么来的。

212　另外，我们也可以问为什么宇宙发展到现在，刚好暗物质和暗能量在宇宙中的占比差别不大？在早期宇宙和遥远的未来，暗物质和暗能量在宇宙中的占比有巨大差别。这是另一个自然性问题，一般称为"巧合问题"。但由于这个比例是随时间变化的，我们常认为这是因为人类生活在一个比较巧的时间点上。

热，在这锅"热汤"中，物质和反物质的数量几乎一样多。电子的反物质是正电子，电子和正电子的数量只有一点点差别：每 10 000 000 000 个正电子对应 10 000 000 005 个电子。夸克也有类似的对应关系。后来，随着宇宙膨胀，这锅热汤慢慢变凉，绝大多数电子和正电子发生湮灭，所以原本的 10 000 000 005 个电子变成剩下的 5 个电子。为什么宇宙中的物质和反物质几乎完全相互抵消，只留下 5×10^{-9} 的残余？这在一定意义上也是个自然性问题。目前，已有一些理论试图更"自然"地解释正反物质的不对称性，但是这个问题还没有标准答案。

是什么决定了基本粒子的质量？ 我们现在已经知道，希格斯粒子为基本粒子提供了质量。但为什么和最基本的理论（量子引力）相比，我们已知基本粒子的质量如此之轻？这是因为希格斯粒子如此之轻。为了让希格斯粒子质量如此之轻，我们需要让很多个 10^{19} 量级的数字彼此精确相消，最后得到一个数字 125。[213] 这是一个自然性问题。

宇宙如何起源？ 一般认为，宇宙起源于早期宇宙的一次暴胀，暴胀期间，宇宙的体积指数膨胀。但是，驱动暴胀的场也像上一段中提到的希格斯粒子一样，具有"为什么势能足够平坦"的问题，这又是一个自然性问题。

如何把量子力学和引力统一起来？ 这个问题是个更加理论的问题，所以既不是现象学问题也不是自然性问题，不应纳入我们前面讨论的现象学问题和自然性问题中。[214] 是我们想尝试把量子力学和广义相对论纳入一个统一的理论，它看起来和自然性没有直接关系，稍有一点自然性问题的影子，例如为什么引力比别的力弱那么多，使量子引力如此难以研究（这就和如何解释基本粒子质量的问题有关了）。

213　125 来源于希格斯粒子本来的质量 125GeV，10^{19} 量级的数字来源于其他粒子的量子涨落对希格斯粒子质量的修正。

214　还有其他一些"更理论"的问题没有在这里列出，因为和我们要探讨的现象学和自然性问题无关。我们甚至不清楚这些更理论的问题是物理问题，还是形而上学问题。比如，时间的本质是什么？时间为什么有个方向？空间的本质是什么？宇宙的绝对起源是什么？

在本书中，我们主要还是列举这些基础物理中的大问题，除这些问题本身的意义外，因为多数大问题和自然性[215]有关。在别的层次，比如地球物理上，我们并没有看到这样的性质。为什么在基础物理中，与现象学问题相比，自然性问题的比例这么高？这个比例自然吗？

如何解释基础物理自然性问题的自然性问题呢？为什么基础物理中的自然性问题所占比例比其他尺度层次的物理更大？我们不知道这个问题的答案。或许这是个巧合，但是物理学工作者不大喜欢巧合，总希望找到问题的答案，哪怕脑补出一些答案。下面是我个人对"自然性的自然性"问题的猜测，和本书中其他注明我个人猜测的内容一样，仅供启发读者思考。

首先，人择原理[216]能解释为什么在基础物理中自然性问题占的比例比其他物理中更大吗？大概不能。因为人择原理只要让人类可以存在就好了，在哪个层次上的物理规律偏离一下自然性，以便让人类能存在，人择原理对此没有偏好。所以，为了让人类存在，统计上，基础物理中自然性问题所占比例应该和其他长度层次物理或其他学科中自然性问题所占的比例相仿才对。而其他层次的物理学中，要用人择原理（或者是巧合）来解释的问题没这么多。所以，人择原理似乎解释不了基础物理中自然性问题的比例。[217]

一个乐观的可能性是，如果我们期望现在的基础物理前沿可以由下一个尺度层次的物理学来解释（或者是量子引力，或者目前的基础物理前沿和量子引力之间还具有别的层次，甚至多个层次的物理，毕竟它们的尺度相差10个数量级），那么，

---

215 在物理学研究中，自然性问题还可以进一步细分到"技术自然性"。这里我们不讨论这些细分，谈到的自然性也是比较广义上的。

216 这里特指与多宇宙相关的人择原理，而不是解释为什么和大多数行星比起来，地球非常宜居这种人择原理。

217 从另一个角度，是否可以说从自然性的角度，我们期望人择原理不能解释基础物理中的多数自然性问题？

下一个尺度层次的物理规律可能与我们目前理解的物理规律差别很大，甚至像原子尺度以上的经典物理与原子尺度以下的量子力学的差别一样巨大。所以，自然性问题与现象学问题的数量比例出现了异常。比如，我们看到一块大石头是正圆形的，会觉得不自然，觉得这可能是工匠的恶作剧，甚至想问，是不是史前文明把他们的技术刻在了石头上？但是，当我们看到一个氢原子是正圆形的，我们觉得很自然，因为我们认为"圆形"这个概念已经足够基本了，氢原子最低能量的态是"圆的"，可以通过电子云的量子规律算出来。[218] 量子规律是完全不同的规律，它把我们看起来不自然的很多事情变成了自然的。假如我们回到100多年前量子力学还没有出现的时候，我们会感到原子层面很多问题是不自然的（只是当时没有刻意从自然性问题的角度去问）。基础物理的不自然性，是否预示着比量子力学更颠覆人认知的新物理？

一个悲观的可能性是，我们可能已经接近了"终极理论"，在最基本的层次上，我们是不是没必要给自然性问题一个答案？就像《三体》中一个歌者唱着歌随随便便就毁灭了人类一样，是否另一个歌者随随便便就写下了我们宇宙的物理规律？歌者随意写下的规律，就是我们的铁律，我们无须追问它们的自然性，甚至无法追问它们的本源？这里，让我以一篇附在本小节末尾的小小说的形式解释这一点。[219]

无论是乐观还是悲观的可能性，当对自然性问题的自然性问题发问时，我个人的感觉是，物理学发展到了这一层，下一个层级非同寻常。

---

218 而下一个尺度层次——基本粒子层次，电子是零维的点粒子（或一维的弦），所以"物体呈正圆形"这个概念已经不成立了。

219 当然，这篇小小说只是为了解释这里的思想，请大家不要用科普一样的严谨性来看待里面对物理规律的解释。

附：小小说——潦草的定律

又熬了个通宵。

快退休的人，真经不起折腾。我开始有点后悔心血来潮地参赛。50年前的那次比赛，是我一生中最好的一段回忆。这次比赛的题目和50年前的那次好像啊！但青春的回忆怕是找不到了，我现在只想赶紧把程序提交上去。

几十年没通宵工作，熬夜时，精神难免有些恍惚。

当年本来想学计算机的，但是当时物理领域正好有了大发现，我心血来潮就选了物理专业。谁能禁得住虫洞的诱惑呢？用费米凝聚造出虫洞，再移动虫洞开口，制造时间机器，谁不想来这样的实验室改变世界？

谁曾想，风水轮流转。

霍金的时序监督猜想刚被打破，时序监督法案就实施了。导师心灰意懒，关闭了实验室，专注于锻炼身体，等着拿诺贝尔奖去了。导师给学生留下一点理论工作——法律禁止实验研究，只能搞理论工作。当时下定决心转回计算机专业就好了。但是，导师是一个有望马上得诺贝尔奖的教授，谁能舍得离开呢？哪怕他连我的邮件都已经懒得回了。好在凭导师的人脉，我去了个中游的大学教书，一转眼就是大半辈子。

能回到过去改变历史，世界真的就会不稳定吗？其实没人知道。不过媒体这样讲，改变历史就成了研究的禁区。媒体背后这些顶级富豪，一辈子难免要依靠几次好运气。要是历史能改变，他们可不想让自己的好运气落到别人身上。

所以，只有一种情况，法律允许将信息传到过去，就是时空计算中心里的逆时循环指令——只要调用沙盒内存，并且使用次数不比顺时循环指令多。即使法律严格限制了逆时循环指令的使用，这仍然开启了超图灵计算的时代，因为计算再也不用消耗时间——停机问题解决了，证明哥德巴赫猜想成了C语言第一章的课后题。除了时间复杂度问题的解决，内存的类时分页技术让程序能访问的有效存储空间也极大扩展，只要函数最后返回的结果不太占资源就行。爆炸的计算资源，又成了这些富豪新的摇钱树。

唉，如果当时坚持学计算机的话……谁知道大学参加的那次比赛就是这辈子离计算机专业最近的一次了。啊？我怎么在想这些？程序还没提交上去，把时间花在走神上就亏大了。

搞了几十年理论物理研究，和这些计算机系的小伙子比起来，偷懒的本事还是有一点的。他们肯定花了大把时间在返回值的内存占用问题上。模拟整个宇宙的内存超过程序返回的要求了，硬抠出一块返回又会导致返回的物理系统不自恰。他们一定想不到我搞了几十年理论物理，研究出的冷门玩意儿：给宇宙加一丁点儿的"暗能量"，让宇宙加速膨胀。这样，宇宙里别的物质自动跑出视界，再也不和我要保留的那块儿世界联系了，这样就能自动留下不太占内存的返回值。暗能量的数值取小点，让程序有更大的模拟空间。只要最后返回的时候别溢出就行。留100个星系差不多能满足要求吧。还有取坐标偏移量的时候小心点，别把产生小人儿的地方弄出视界了。

这些小伙子肯定也费了很大功夫来设定宇宙的初始条件——几十年前我也卡在这一步。其实解决这个问题也很简单：让初始的宇宙也加速膨胀。这样，随便设个初始条件，宇宙的加速膨胀就能自动稀释掉初始条件里不合理的地方，根本不用人操心。加速膨胀的持续时间不用太长，膨胀导致的尺度变化也不用太大，只要足够稀释掉初始条件，够用就行。

可是这样，宇宙早期光子随便跑来跑去的，让宇宙太均匀了，怎么形成星系呢？星系都形不成，肯定搞砸了。其实也简单，加点不和光子相互作用的暗物质，这样，暗物质就能拉着原子形成星系了，就像形成雨滴的凝结核一样。剩下的活儿给引力马太效应干就行，密度稍大点的地方，就会自动吸引物质形成星系，也不用人操心。在研究了一辈子法律禁止实验的理论物理之后，我对构造世界这件事简直是得心应手！

要是能把超对称加进去就漂亮了——物质和力居然是对称的，这样的世界多漂亮啊！不过比赛只看输出结果里有没有小人儿，又不是比谁的结构漂亮，别想那些有的没的。

这么多年不编程，编程思维越发混乱。一开始基本粒子质量设得太重，重新调参数，设一些轻点的基本粒子质量，居然忘记删掉前面重的粒子。这样的错误居然还犯了两次！现在调了半天参数，要是再删掉重粒子，所有参数还得重新调。算啦，时间宝贵，这些重粒子就不删了，反正它们会自动衰变成轻粒子，也不会造成什么麻烦。

唉，假如程序运行成功，造出的小人儿会怎么理解他们的世界？为什么对撞机上找不到超对称那么漂亮的数学结构？他们能想到是因为比赛的倒霉要求吗？为什么夸克和轻子都有三代？他们能想到是我忘了删前两代吗？

又走神儿了。年纪大了就是容易走神。没时间了。提交。

智子能锁死物理学吗？（弱版本）

在《三体》中，智子为人类的科学研究带来了极大的麻烦。智子可以扰乱高能物理对撞机上的实验结果，让这些实验没法再进行下去。我们不妨想一想，假如真有智子的封锁，理论物理，或者说整个基础科学，还能发展吗？

如果智子只封锁高能物理对撞机实验，人类可以想出替代手段来发展理论物理。比如，来自宇宙远处的高能宇宙线，具有远高于目前高能物理加速器实验的能量。对宇宙线的研究，可以为高能物理提供重要信息。

当然，三体人也想到了这一点。在《三体》中，丁仪跑到空间站上研究宇宙线中的高能粒子，发现这些实验也被搅乱了。

那么，有没有什么实验观测比高能宇宙线实验更难被智子搅乱呢？有的。这里我们举两个例子。

第一个例子是数星星。是的，你没看错，数星星能教我们高能物理。这是因为早期宇宙能量极高，可能比目前人类在对撞机实验上能达到的最高能量还高 10^{10} 倍。宇宙中的星系起源于极早期宇宙中的高能量子涨落（想象极早期宇宙中，高能粒子像一张暗光照片上的噪点一样随机产生）。所以，通过精确测量宇宙中星系及其他物质（如中性氢）的分布，可以反推早期宇宙的状态，进而研究高能物理。从这个角度看，宇宙就像一台对撞机。用宇宙中物质分布来反推高能物理的一般方法被称为"宇宙对撞机物理"。智子再厉害，也无法挪动星系的位置吧（何况反导系统已经吓得智子不敢"高维展开"了）。

第二个例子是探测引力波。引力波是时空形变产生的涟漪，就好像"一石激起千层浪"，石头让水的表面发生弯曲，并且水表面的弯曲会以波动形式（水波）向外传播，物体的运动会让时空弯曲，这种时空弯曲以光速向外传播，就是引力波。

引力最重要的特点之一就是，引力非常非常弱。所以早期宇宙里可能发生过的种种高能物理过程产生的引力波以光速自由地传播，自由穿过早期宇宙的"热汤"，自由穿过星系与星系介质，引力波中携带的关于早期宇宙的信息几乎原封不动地保存到现在。我们通过探测引力波，就能检验早期宇宙中的高能物理过程，进而发展理论物理。

同样因为引力实在太弱太弱，所以测量引力波十分困难。2015年，激光干涉引力波天文台（LIGO）已经测到了引力波。为了测到引力波，LIGO可以测量 10^{-21} 量级大小的时空弯曲，也就是说，在千米的尺度上，时空的伸缩幅度仅是一个质子尺度的千分之一。在本书的附录《仰望星空》中，我们将更系统地介绍包括引力波在内的各种望远镜。引力波实验所能达到的精度，象征着人类的荣耀！

最后，还是因为引力波太弱太弱，我也很难想象智子会对引力波有所干扰。

智子能锁死物理学吗？（强版本）

当然，你可能会说，无论是巨大的宇宙物质分布，还是极弱的引力波，就算智子不能像扰乱对撞机上的粒子碰撞那样，直接干扰这些存在，没准儿智子可以在测量设备中捣鬼，甚至在实验记录中捣鬼来误导科学家呢？

那么我们就要思考终极版本的智子问题：假如智子可以误导从今以后的所有实验，那么我们还能继续发展理论物理，或者整个自然科学吗？[220]

包括理论物理领军人物阿尔坎尼·哈米德在内的很多物理学家认为，通过智子到来前我们已知的物理学，我们仍能达到万物理论，智子不会锁死物理学。虽然，我个人并不赞同阿尔坎尼·哈米德等人的观点，但我还是把它们呈现给大家。本小节的末尾，我将和大家讨论我的拙见。

当然，阿尔坎尼·哈米德等人的讨论并不是基于智子的。高能物理实验的花费越来越多，在高能物理领域，物理发现的数量随实验能达到的能量通常是呈对数增加的，也就是说，可能要在实验中提高几个量级的能量，才能有新发现。但是这些实验要花的钱随着能量是呈线性（甚至以平方等更快的方式）增加的，我们经常造不起更大的加速器。这或许是个贫穷限制想象力的例子。我们真正担心的是，锁死高能物理实验的不是智子，而是银子。但它们的逻辑内核相似。

在这样的背景下，我们设想，假如未来的实验被锁死了，我们还能研究出"万物理论"吗？我们仍有希望。因为，"万物理论"应该是一个包含量子论和广义相对论的统一理论，也就是说，"万物理论"需要可以研究量子化的引力，简称量子引力。量子引力理论有个巨大的优点，就是特别难。

---

220 后面小节将要提到，这个问题很像"笛卡儿的恶魔"。如果你对此不熟悉，可以读过后面章节再回过头来考虑这个问题。面对恶魔，笛卡儿除找到"我思，故我在"之外，没能走出很远。智子终极封锁下的人类是否难逃笛卡儿的命运呢？我们注意到，智子和笛卡儿的恶魔有一点关键区别——我们仍然知道智子到来前的实验结果和智子到来前的物理学。

你可能会很惊讶:"特别难"怎么可能是一个理论的优点呢?

构建量子引力理论有多难呢? 如果我们随手构造一个量子引力理论,它几乎肯定是自相矛盾的,就是说,理论本身会陷入不自洽的境地。自1930年以来,物理学家探索过的试图解决量子引力问题的办法多到难以数清。但目前只有一种接近成功,就是弦论。[221] 当然,我们不能说所有其他尝试都失败了,但是至少可以说:其他尝试面临的严重困难使它们还根本没看到胜利的曙光。

基于量子引力"特别难"的特点,以及现有的"接近成功"理论的唯一性,很多研究弦论的理论物理学家(简称弦论家)认为,逻辑自洽的量子引力理论是唯一的,就是弦论。就算未来不再有实验,我们也有希望通过研究弦论,来从上到下建立物理学。通过弦论自上而下建立起来的物理学是什么样的呢?

弦论起源[222]于一个假设:所有基本粒子,例如电子,如果你看得足够仔细,这些粒子在空间上不是点状的,而是一维的,像振动着的琴弦一样。打个比方,想象一些小得像"点"一样的细菌,在显微镜下看,原来是线状的"杆菌"。不过,弦比"杆菌"还极端,是严格的一维物体,只存在长度,不存在粗细。

把"世界由弦组成"这个假设和量子力学结合起来,弦论家震惊地发现,弦论居

---

221 当然,"接近成功"没有一个客观标准。大家在这一点上尽可以反对我。把"接近成功"的线划低一点,就有更多理论入围了。大家也可以读一读李·斯莫林的《通向量子引力的三条途径》。李·斯莫林倾向于反思和批评弦论。

222 这里说的是弦论的逻辑起源。弦论的历史起源更凌乱一些。理论家想解释质子、中子这样的物质(强子)是由什么组成的。从威尼采亚诺公式这么一个猜想的公式(提醒大家,量子力学也开始于普朗克猜想的一个公式)出发,弦论家发现,这个公式背后的物理意义是:强子由弦组成。之后,得益于杨振宁-米尔斯场论的发展,强子由夸克组成的理论取得了成功,强子的弦论解释失败了。但是,弦论家发现,弦论里面居然包含引力子。所以,弦论家转而用弦论来研究量子引力。因为这个曲折的经历,以及弦论里面用到的艰深的数学,20世纪弦论界代表人物威腾曾说:"弦理论是21世纪的物理,只是偶然落在了20世纪。"

然是唯一的！这个唯一的理论叫作M理论，任何修改都会导致理论上的自相矛盾。[223] 并且，为了理论的自洽性，这个唯一的M理论具有以下3个特别"酷"的特点[224]。

量子引力：在别的研究量子引力的尝试中，理论家们往往要引入引力效应，再拼命让引力能纳入自洽的量子体系中。但弦论不一样，引力在弦论中自动跳了出来，我们赶都赶不走。引力是弦论中自动浮现出的性质。

额外维：我们看到的时空，只有一维时间和三维空间（上下算是一维，左右算是一维，前后算是一维，每一维可以看成坐标系上的一个坐标轴）。但是，空间有可能还存在其他的方向，也就是说，世界上可能还隐藏着一些我们难以看到的"额外维"。只不过，也许这些额外维很小，也许我们被绑在三维空间上跑不掉，所以我们还没看到这些额外维。在《定律之战》一章中，我们已经介绍了额外维的特点。在弦论中，这些额外维必须存在。M理论的空间是十维的，加上一维时间，构成十一维的时空。

超对称：物理学的魅力很大程度上在于物理学可以把很多看起来没关系的事物统一起来，纳入同一个框架来理解，例如，天上打雷的电现象和磁针指南的磁现象，居然可以通过物理统一起来。那么，物质和力可以统一起来吗？超对称就是把构成世界的"基础物质"和"基本力"统一起来的设想。在超对称中，物质和力可以互相变换，在一个更高的框架下统一描述。超对称可以约束物质和力的一些狂野的量子属性。在弦论中，超对称也必须存在。

223　我们还没有最终理解M理论，只能理解M理论的一些相对简单的极限（微扰弦论）。另外，尽管多数弦论家相信能描述现实世界的弦论是唯一的，弦论的唯一性也不是一个数学证明。

224　弦论包括额外维和超对称，这是好是坏呢？从积极的方面讲，弦论集物理学智慧之大成，额外维、超对称这种我们之前猜想过但还没发现的理论居然是弦论的必要部分，实在太激动人心了！从消极的方面讲，也可以说弦论是个把一大堆理论放到一起才勉强自洽的"缝合怪"。哪种说法对呢？强行给弦论赋予价值，或许已经超越了科学的评判标准，只是我们脑补的事情。

这个唯一的、特别酷的M理论，虽然描述了量子引力，但它和现实世界还有很大的距离。因为我们在实验中既没看到额外维，也没看到超对称。这是因为唯一的M理论具有极多的数学解。打个比方，一个一元二次方程（这里是M理论的比方）通常有两个根（这里是数学解的比方）。那么，M理论有多少个解呢？随着额外维卷曲方式不同、额外维里的物质分布也不同，M理论可能有10^{100}个解！也有人推测，解的个数比这个还多。我们可以把弦论想象成一幅风景画。我们的宇宙可以位于这幅风景画的一个位置，也可以位于另一个位置。弦论的为数巨大的解空间，和"多重宇宙""人择原理"等假说一起，描绘出了一幅宏大而充满争议的"弦景观"。

如果把弦论数以10^{100}计的解想象成一幅风景画，
我们的宇宙可能是其中一个小山洼，也可能是另一个。
或许，人择原理会帮我们选出一个来。

从10^{100}个解里，选出我们生活的世界，这可能吗？弦论可以"证伪"吗？[225] 弦论可以为现实世界做出任何预言吗？有3种可能，可以让我们从10^{100}个解里，为现实世界做出预言。

第一种可能：在10^{100}个解里，满足我们目前实验限制的解极少。这样，我们通

---

225 后面我们会讨论波普尔的证伪论，从而说明波普尔的证伪判据：即使不能证伪，也不代表弦论的失败。但毕竟，我们还是希望理论的可预言性更强些。

过目前实验可以选出极少的几个解，甚至唯一一个解，从而对未来做出几种可能，甚至唯一可能的预言。

第二种可能：在 10^{100} 个解里，满足我们目前实验限制的解极多，但它们的概率分布可以预言我们极大概率处于怎样的世界中。这就好比在统计力学中，我们无法精确地知道一盒子气体里面，每个分子具体是怎么运动的，但仍然可以通过概率，对这盒子气体的内能、温度、比热容等性质做出预言一样。

第三种可能：我们目前看到的 10^{100} 个解，大多是"错的"。像数学推导可能产生"增根"一样，可以用一些判据来排除大多数解。

目前，我们不知道哪种可能是对的。或者，有没有新的可能呢？（物理学经常需要"跳出条条框框的思考"来推动。）我们还不知道。不过无论如何，即使智子完全封锁了未来的物理实验，我们仍有可能通过已知物理的自洽性来研究未知物理。从这个角度说，我们比笛卡儿的运气好多了。

在本小节的最后，我谈点我的个人看法。首先，我和大多数理论物理学工作者一样，相信弦论应该是一个自洽的量子引力理论，并且认可找到这样的一个理论非常难得。但是，自洽的就是对的吗？弦论或许是自洽的量子引力理论中最简单的那一个（尽管它已经很难了）。自然界"选择"的那个理论，刚好就是我们"会算"的那一个吗？[226] 我觉得量子引力理论在逻辑上不应该是唯一的。回想 100 年前，如果不是实验逼得我们实在没办法，人类应该也不会发现量子力学。我们未知的能量范围太宽广，我对弦论家的信心表示怀疑。当然，鄙人拙见很可能有错，大家权且听之。

---

226 稍后，我们将提到库恩对科学发展的论断，量子引力的"难"，有没有可能并不是预示量子引力的唯一性，而是预示着一场科学革命和范式更替，而新范式中的量子引力是一条可以狂飙突进的坦途呢？

射手和农场主

在前文中，我们对"物理学不存在？"这个问题的讨论，还限于物理学的内部。现在，让我们后撤一步，从哲学的角度审视物理学，也就是说，从科学哲学的角度来看，物理学存在吗？

归纳法的弱点：为什么相信科学？

我们对科学规律的信心，似乎超出了我们期望科学所具有的理性。就从最简单的科学规律说起吧。无论发生了什么，明天太阳照常升起[227]。明天太阳的升起或许不太基本，但它是一条再简单不过的自然规律，不是吗？我们对明天太阳照常升起的信心从哪里来呢？

苏格兰哲学家大卫·休谟用怀疑的眼光重新审视了太阳升起的问题，又以同样怀疑的眼光重新审视了所有的科学问题。

我们为什么相信明天的太阳会升起？你可能会说，因为人类从有历史记载以来，过去的每一天太阳都升起了，成百上千万次的经验表明明天的太阳仍然会升起。

但是，等等，不是说科学要"严密"吗？这里我们是否从逻辑上证明了明天太阳的升起呢？并没有。

因为，我们是通过归纳法得出的明天太阳照常升起。我们亲眼看到的乌鸦都是黑的，就归纳推断天下的乌鸦全都是黑的。这种思考方式，从逻辑上是靠不住的。[228]

---

227 对于"明天太阳照常升起"的问题，我们如何定义"明天"呢？当然，我们不能把明天字面上定义为太阳升起而天亮的时候。这样的问题是循环论证、缺乏含义的。比如，我们把明天界定为物理时间的一个24小时范围。太阳是否会在这个时间范围内升起呢？另外，由于简化掉了"东方"，我们的讨论和休谟"明天太阳从东方升起"的著名例子略有区别。

228 自从亚里士多德开始，归纳法一般和演绎法一起，一同被划为逻辑推理之内，但是归纳法并没有必然性。归纳法是或然性的，也就是"得出的结论有可能对"的一种推理方式。"归纳法有一定用处"应该是现代科学工作者的共识。但是当我们从科学的有用性后退一步，审视科学的合理性时，对归纳法的犹疑从亚里士多德开始，至今从未停止过。

它不是逻辑意义上的证明。个例不能证明普遍性，有限不能证明无限。在这一点上，《三体》中提出了"射手"假说，以及在农场主的例子中化用了罗素的火鸡悖论：

"射手"假说：有一名神枪手，在一个靶子上每隔十厘米打一个洞。设想这个靶子的平面上生活着一种二维智能生物，它们中的科学家在对自己的宇宙进行观察后，发现了一个伟大的定律："宇宙每隔十厘米，必然会有一个洞。"它们把这个神枪手一时兴起的随意行为，看成了自己宇宙中的铁律。

"农场主"假说则有一层令人不安的恐怖色彩：一个农场里有一群火鸡，农场主每天中午十一点来给它们喂食。火鸡中的一名科学家观察这个现象，一直观察了近一年都没有例外，于是它也发现了自己宇宙中的伟大定律："每天上午十一点，就有食物降临。"它在感恩节早晨向火鸡们公布了这个定律，但这天上午十一点，食物没有降临，农场主进来把它们都捉去杀了。

通过观察法来归纳太阳升起的规律，是不是和靶子上的洞及火鸡每天降临的食物一样不可靠呢？

我们也可以从"脑袋上有多少头发算秃头""多少粒沙算沙堆"的角度，来进一步审视太阳升起规律。假设太阳升起是个可证的逻辑结论，那么如果一个人完全不知道历史，也不知道任何科学知识，那么，他观测到多少次太阳升起，才"可证"这个结论呢？一次两次肯定不够吧？ 100次就够了吗？ 10 000次就够了吗？怎么可能客观存在一个数字，比如3721次，一个人的观察超过了这个数字，就证明了太阳的升起呢？这就好比不是多一根头发就不秃头了，也不是少一粒沙就不是沙堆了一样，都不存在一个确切的数字边界。

你可能会反驳说："但是我懂物理学！"用不着每天去归纳太阳升起的规律，我就能用牛顿力学推导出明天太阳的升起。是的，牛顿力学确实可以作出明天太阳升起的推导（这就是更靠谱的"演绎法"）。但是，牛顿的力学定律又从何而来呢？它来自伽利略的斜面实验，来自第谷和开普勒对天体运行的观测数据及其现象学规律，来自之前所有科学家包括牛顿本人的观察和实验。没错，牛顿定律本身也是基于归纳得到的。牛顿定律、全部物理学，以及任何类似物理学的自然科学[229]都是基于归纳法得到的，都同样受制于射手问题和火鸡悖论。自然科学的逻辑演绎不能凭空而来，它的基础是归纳法。

笛卡儿的恶魔

笛卡儿曾经系统地怀疑经验，尝试让逻辑演绎站在更坚实的基础上，来获得我们对世界的认识。这种基础需要坚实到什么程度呢？即使我们的所有感官受"魔鬼的欺骗"，也不会撼动这种坚实的基础。什么叫"魔鬼的欺骗"？比如"缸中之脑"的思想实验，或者《黑客帝国》电影中输入大脑的信号都是外界故意模拟出来的，让我们有一种生活在一种"现实"中的错觉。这就是"魔鬼的欺骗"的例子。你在《三体》中能找到"魔鬼的欺骗"吗？后文中我们将谈到《三体》中"魔鬼的欺骗"。笛卡儿找到了什么连"魔鬼的欺骗"也无法撼动的关于世界的认识呢？他只找到了"我思，故我在"。如果不相信感官告诉我们的外部世界，我只能确知我在思考（至于思考的具体内容，受到感官的影响，我已经不能确认内容的真伪了）。"我思考"这个事实可以推断出我的存在。可惜，按照笛卡儿自己立下的标准，他并不能找到更多无法撼动的"真理"。"真理"太少了[230]，不能让笛卡儿走得更远，得到更多对世界的认

---

229 有些学科不是基于归纳得到的，例如数学。或许归纳法给我们一些启发，告诉什么公理是有用的，或者证明什么样的定理是有希望的。但是数学本身建立在公理及从公理出发的严格演绎的基础上。所以，数学不是基于归纳法的，也不是正文中"类似物理学的自然科学"。但是，数学是科学吗？这涉及科学划界问题，我们稍后将会讨论。另外，你可能学过"数学归纳法"。虽然这里也有"归纳法"的字样，你能找出数学归纳法和本文中提到的归纳法的含义区别吗？

230 甚至"我思，故我在"本身是不是真理？这条推理是不是在"魔鬼的欺骗"下得出的？这也是值得思考的话题。比如心理学对自由意志的研究，就提出一个问题：我们是真的在思考，还是只是看起来在思考？我们的"思考"是一个坐在副驾驶上的人，以为自己在开车吗？

识。[231] 所以，抛弃经验和归纳法大概走不通。我们能否从其他角度去认识归纳法呢？

可以用概率解释归纳法吗？

你可能会说，好吧，那么我们能不能把明天太阳的升起"严密"地转化成一种概率科学[232]？我们观测到一千万次的太阳升起，那么我们是不是可以说明天的太阳就有一千万分之九百九十九万九千九百九十九的概率会升起呢？也不行。我们很容易举例反驳这一点。例如，假如有个旅行者，刚好明天去北极圈内旅行，而去的时间刚好是北极圈里的极夜。[233] 那么他就会发现明天的太阳不再升起了！我们甚至可以大开脑洞，或许明天太阳就被真空泡泡、光粒或二向箔毁灭了呢？既然这些都可能，它们的概率虽小，却也与人类历史上观测过多少次太阳升起无关。

未来像过去一样？

讲到这里，你可能找到了"抬杠"的窍门：归纳法本身"不必然"的弱点可能有点"大而空"。而归纳法有一个弱点，那就是为了做出科学的预测，我们要用到一个隐含假设：在我们想归纳得到的规律方面，"未来像过去一样"。我们举出的反例，明天去北极圈体验极夜，或者明天太阳毁灭，都是未来与过去不同。这个"未来像过去一样"的隐含假设，在通过归纳法对未来的预测中是普遍存在的。科学的一个重要用途，不就

231　这里，我们只介绍了与前后文最相关的笛卡儿。不通过感知经验（先于经验的、先验的）来得到对世界的知识，构成了"形而上学"这一哲学分支。很多大哲学家，如亚里士多德、康德、黑格尔都发展了形而上学理论。一些哲学观点，如逻辑实证主义，对形而上学提出了批判甚至否定。20世纪物理学的大发展也对形而上学的空间形成了挤压。

232　你还可以再退一步，概率到底是什么？它是对频率的统计（对概率论持频率学派的观点），还是人的信心（贝叶斯学派的观点）？我们可以用一系列的公理建立起概率论的数学体系。但是，如何把概率论的数学体系与现实联系起来，我们就又绕回到了归纳法的疑难，以及概率论特有的更具体的问题。

233　出现这种旅行者的概率或许不大。但是至少，这个概率和人类历史上观测过多少次太阳升起没有关系。

是用来预测未来的实验结果吗？我们假设了未来与过去一样，我们又在预测什么呢？

但这还不是最尴尬的事情。更大的麻烦是："未来像过去一样"这个假设，也不是凭空而来的，而是用归纳法归纳出来的。还记得自作聪明的火鸡吗？基于归纳法，关于未来的论断都在假设"未来像过去一样"。但是，"未来像过去一样"这个论题本身尤其尴尬。这是因为，它像其他关于未来的论断一样，也假设了"未来像过去一样"。用我自己证明我自己，这不就是循环论证吗？也就是说，我们想去寻找科学的逻辑基础，包括物理学的逻辑基础，我们找到的却是循环论证。如果说物理学居然是建立在循环论证的逻辑基础上，那么物理学是不是就真的不存在了？[234]

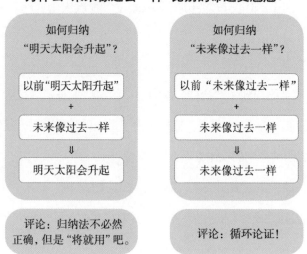

为什么"未来像过去一样"比别的命题更尴尬？

---

234 如果你还没有因过多的思辨而感到厌倦的话，还可以再来思考一下亨普尔的"乌鸦悖论"，体会一下亨普尔对归纳法的反驳。假如我们想用归纳法论证"乌鸦都是黑的"。一种方法是找很多黑乌鸦的例子，每个例子都增加了我们相信"乌鸦都是黑的"的程度。我们暂且假设这种归纳方法是有效的。但是，逻辑上，"乌鸦都是黑的"这个命题等价于它的逆否命题："如果一个东西不是黑的，那么它就不是乌鸦"。如果归纳法是有效的，那么我找到了太阳不是黑的，世界上成千上万的东西都不是黑的，这样的例子是否增进了我们相信"如果一个东西不是黑的，那么它不是乌鸦"（逻辑上，它等价于"乌鸦都是黑的"这个命题）的程度？如果是的话，我们可以通过"太阳不是黑的"来佐证"乌鸦都是黑的"。这不是很荒谬吗？

科学边界

我们在上一小节讨论了以休谟为代表的哲学家对归纳法的怀疑。它们对科学的基础提出了怀疑。但是，这种怀疑是思辨上的怀疑。我们聊这些怀疑的目的，绝不是说科学方法是错的，更不是要把爱好科学的朋友们推向不可知论。我只想说，在科学取得巨大成功、造福人类的同时，我们还不理解甚至可能永远不能理解科学与纯粹的理性如何调和。科学方法的合理性并非不言自明，相反，科学方法为什么能引导我们"探索真理"？这个问题非常复杂。思考科学本身的复杂性和思考科学问题一样，也是一种享受，并且能让我们在自然面前保持谦卑。我只是说，当我们享受科学探索的乐趣时，当我们享受科技进步的成果时，如果我们把科学方法当作不言自明且不可撼动的神谕，或许也是一种傲慢。《三体》中说："弱小和无知不是生存的障碍，傲慢才是。"这句话或许不仅适用于生命，也适用于科学。

划界问题：什么是科学？什么不是科学？

"科学存在吗？"这个问题在理性的思考上变成了一团乱麻，所以说我们最好还是到现实中来找答案。事实上，包括"物理学"在内的"科学"无论从学术著作、科学研究的行为、科学对社会造成的影响还是科学对世界的改变等不同角度来看，事实上都是存在的。如何理解科学"事实上"的存在呢？事实上存在的哪些行为算是科学相关的活动，哪些又不算科学呢？我们能在"科学"和"非科学"之间划出一道界限吗？"科学边界"在哪里？这种为科学寻找边界的行为，在科学哲学中叫作划界问题。

我们这里说的科学边界，和《三体》里面的"科学边界组织"有点儿相似，但也有点儿区别。在《三体》中，科学边界组织（表面上）要做的是"试图用科学的方法找出科学的局限性，试图确定科学对自然界的认知在深度和精度上是否存在一条底线"。而在科学哲学意义上,如果把科学划界问题当作"科学边界",它更多的是对科学这一学科本身和它的方法论的反思。哪些学科或理论是科学?哪些不是?阴谋论是科学吗?所谓"民科"[235]的理论是科学吗?如果不是,界限在哪里?科学划界问题的起点,就是上一小节对归纳法的怀疑。

波普尔的证伪论

既然归纳法不那么可靠,也就是说,不能通过"证明个别命题(例子)"来"证明普遍命题(科学规律)",那么,我们能不能把科学建立在演绎法的基础上?至少粗看起来,这还真行。因为从逻辑上,我们可以通过"否定个别命题"来"否定普遍命题"。比如,找到明天的太阳不升起的一种情况(各种例子见上一小节),这样我们就否定也就是"证伪"了"明天太阳会升起"这个命题。再比如,找到一只白乌鸦,就"证伪"了"乌鸦都是黑的"这个命题。基于这个想法,卡尔·波普尔提出了"证伪论"。

---

235 "民科"这个词的使用,往往伴随着巨大的混乱。一个人即使没有受过科学训练,他思考科学问题的行为也是应该受到鼓励的。我还记得我中学时第一次听别人说起爱因斯坦建立相对论的关键想法,自己就去沿着爱因斯坦的思路尝试"创造"相对论了,而且是着迷到废寝忘食。但是,一两天过后,我一无所得,也就作罢,依旧乖乖地学习看起来没那么厉害的牛顿力学。我觉得这是很好的经历。有时候,这样的人自称"民科",我觉得其中不含任何贬义。但是,如果一个人决定将生命中的很大一部分时间和精力投入科学研究中,那么,专业的训练是必要的。我实在见过太多的例子,他们宣称"推翻了相对论",但根本不愿意了解已有理论,更不愿意接受专业训练。他们连过去100年来,相对论能解释哪些实验现象都不知道,而他们的理论更无法解释这些现象(或只是联想或类比式的解释,而不了解现代科学精确和量化的解释标准)。由于和主流科学思想的差别太大,互相无法交流(类似于后文"范式的不可通约性"),这些人甚至因而偏激、走极端。恕我直言,我觉得这样的行为不值得鼓励,这是对生命的一种浪费。

波普尔认为，即使是初生的婴儿，也对现实世界有一些先天的知识。[236] 后天的一些经验与先天知识不相符，"证伪"了一些先天知识。人需要想出新的理论来解释这些经验，于是这些知识被更"科学"的新理论代替了。而这些新理论可以进一步被观察和实验所证伪，于是被更完善的理论所取代。这就是科学发展的途径。

波普尔进而认为，判断一个理论是不是科学，就应该用"可证伪性"这个标准。如果一个"理论"原则上有可能被证伪，但是它在证伪的挑战下"活"了下来、能经受住考验，那这个理论才是科学。

比如说，爱因斯坦的广义相对论预言了光线在引力场中的偏折角度。如果实验看不到爱因斯坦预言的光线偏折角度，广义相对论就被证伪了。听起来，广义相对论如此容易被证伪，但是，后来的实验中测到的光线偏折角度刚好和广义相对论的预言一样！这说明，广义相对论是科学，并且还是好的科学。波普尔回忆说，他

---

236 初生的婴儿又不会说话，你能想出办法论证婴儿有一些先天的知识，而不是在对世界的认识方面是"一张白纸"吗？建议你想想有没有办法从理论上论证或者从实验上验证婴儿具有的先天知识，思考一会儿，然后再读下去。理论上，我们可以做个"机器人控制室"的假想实验：你被囚禁在一个机器人控制室内，机器人的所有传感器输入都用墙上闪烁的信号灯表示，但你又没有被告知何种信号灯的闪烁表示什么意义，但是，你却需要用按钮控制机器人的行动。你怎么控制这个机器人呢？虽然这个假想实验并不严密，但假如初生的婴儿不具备先天知识，婴儿面对的世界也和这个假想实验有几分相似。实验上，心理学家可以向初生婴儿展示符合常识的现象，以及变魔术，发现初生婴儿的目光会更多停留在魔术上，这可以解释为婴儿觉得魔术更不符合先天的知识，也就佐证了先天知识的存在性。人具有先天知识这一假设并不是波普尔的首创。康德就曾大谈先天知识，并作为他哲学的基石。但波普尔持一种更发展的观点。婴儿的先天知识充满了错漏，后天的经验会不断修正这种先天知识。

提出"可证伪性"，就受到了广义相对论的影响。[237]

反之，对于命题"针尖上能容纳一百万个天使跳舞"，则没有观测方法可以检验，于是无法证伪。这样的命题也就不是波普尔意义上的科学命题。

在批评可证伪性之前，让我再来举个关于我自己的、轻松点儿的、不可证伪性的例子。了解点儿科学哲学，有时候是有用的。比如，我上大学时曾打过一个稳赚不赔的赌。我对同寝室的室友说："我们打个赌吧，如果以后你获得了诺贝尔奖，你就请我吃饭；如果你获不了诺贝尔奖，我就请你吃饭。"室友爽快地答应了。不过，我随后解释说，既然他永远也确定不了自己在生命的晚些时候能否获得诺贝尔奖，所以永远有获得诺贝尔奖的希望，也就是说，我永远也不可能请他吃饭。用波普尔的话说，在他有生之年，直到生命的最后一刻，他永远有概率获得诺贝尔奖。所以，他请我吃饭的条件（得诺贝尔奖），在他的有生之年只可能证实不能证伪；而我请他吃饭的条件（不得诺贝尔奖）则只可能证伪不能证实。所以，我稳赚不赔。室友对此表示了愤慨。

证伪论的缺点

不过，"可证伪性"只是科学划界问题的开端，还远远不是结束。"可证伪性"这个判断标准带来了很多问题。

一个问题是，"可证伪性"导致的科学划界，和我们直观中对科学的印象有点区别。比如，数学是不是科学呢？或许我们通常会认为数学算科学吧。但是，波普

---

237 不过，广义相对论与光线偏折的关系是曲折的。爱因斯坦在1907年曾依据等效原理（不完整的广义相对论）预言恒星的光线掠过太阳应偏折0.87角秒。因为这个预言需要等到日全食时才能验证。但是，日全食需要等待特殊的时机和地点。所以科学界等到了1914年，当时，德国天文学家弗洛因德里希率领的观测队前往俄国观测日全食。不幸的是，第一次世界大战爆发了。观测队被俄国逮捕，未能实现观测计划。1915年，爱因斯坦建立了完整的广义相对论，将光线偏折角度修正为1.74角秒。这个预言在1919年被爱丁顿等人验证。我们不妨假想，倘使"东风不与周郎便"，1914年弗洛因德里希"证伪"了爱因斯坦的预言呢？波普尔还会认为广义相对论是好的科学吗？他还会受此启发提出可证伪性的划界标准吗？

尔的可证伪性，把数学排除在了科学之外。因为数学是基于公理和演绎推导的，无法证伪一个数学理论。[238] 另外，在一些复杂情况下，"可证伪性"这个划界标准本身就很模糊。例如波普尔本人曾认为进化论是不可证伪的，因而应该划在科学之外，他的这个观点引起了大量争议。

"证伪论"更严重的问题是，波普尔把科学想得太简单了。假如一个实验和理论不符合，理论就被证伪了吗？现实中都有哪些可能，科学家们又会怎么做呢？

首先，当代科学实验是极其复杂的。实验和理论不符合的时候，首先值得检查的是实验是否可信。实验出错的概率一点儿都不小。这样的例子太多了，就说个不太久远的吧。比如，2011年中微子超光速事件貌似证伪了狭义相对论和整个现代物理，后来发现实验的解释只是实验装置中一条电缆的接口没拧紧；2014年"原初引力波的发现"貌似证伪了一大批早期宇宙模型，后来发现它看到的是银河系中的浮云。当然，这些实验工作者是认真和值得尊重的。但是当代科学实验的复杂性，使得一个团体再认真，也会有不小的出错概率。

如果一系列实验交叉反复验证了实验和理论不符合，科学家们会怎么做呢？他们大都会对当前理论修修补补。用拉卡托什的话说，理论可以分为核心内容和"保护带"。核心内容的证伪会证伪整个理论。但是，"保护带"是理论中没那么重要的部分。如果确凿的实验和理论不符合，修改一下保护带使得理论符合实验是最常见的做法。比如在牛顿的科学体系中，牛顿三定律是核心内容，而如有需要，就连牛顿的万有引力定律都可以作为保护带牺牲掉。[239] 所以，理论不符合实验，通常不能

238　当然，把数学排除在波普尔的"科学"定义之外，不是说数学是伪科学。这里有个因双关语导致的思维误区。科学划界把各种理论分成了"属于科学的"和"不属于科学的"。"不属于科学的"经常被简略称为"不科学的"，而"不科学的"这个词带有贬义，所以偶然地通过双关，为"不属于科学的"染上了一点直觉中的贬义，这种贬义是以偏概全的。

239　例如，在广义相对论的"牛顿近似"中，可以考虑除平方反比定律以外，引力随距离立方等衰减的修正项，但这个带有立方反比定律等引力的理论仍可以看成处在牛顿力学框架中。

证伪理论的核心,只要对保护带修修补补,理论还可以看成原来的理论。

最后,如果对当前理论修修补补,还是不能符合实验,科学家们会怎么做呢?当然,最好能提出一个新理论。但是提出新理论可遇不可求。如果科学家们没有足够的智慧,暂时还不能提出新理论,他们会怎么做呢?因为理论和实验无法解决的严重矛盾,他们会立刻从大学辞职,退出科学研究吗?恐怕很少有科学家会这样做。他们会对当前已经衰败的理论强行修修补补。这种行为或许不大体面,但也是没有办法的办法。并且,科学家既不会"脱水"也不会"休眠",他们甚至缺少转行的勇气,只好继续做强行修补这种无聊的工作,这种工作也为这些可怜的科学家提供了饭碗。

最后,虽然波普尔的证伪论在描述真实社会中的科学发展时,存在各种缺陷,但是,波普尔的证伪论或许更适合描述我们个人的学习过程。当我们学习一门科学知识,比如在学习物理学的过程中,我们头脑里不断地"脑补",为物理学公式填充"物理图像"。我们脑补出的物理图像可能是错的,其中错误的部分不断被后续学习的知识"证伪",这样,我们的脑海中最终出现比较接近正确的图像。波普尔的理论可以很好描述我们的学习过程,是因为我们的学习过程和研究相比,个人性更强,社会性更弱。而越来越社会性的科学研究过程,就是下一小节我们要讨论的内容。

我们是同志了

从上一小节的讨论中,大家或许已经看到了,把科学作为纯粹逻辑结构来划界,有一个重大疏漏,就是没有考虑到科学的践行者——科学家作为人的一面,以及科学家团体作为"小社会"的社会属性。一个更现实的科学划界方式,应该将这两方面考虑在内。这就是我们接下来要聊的托马斯·库恩、范式及科学划界问题中的历史主义。

库恩的范式论

库恩于1949年在哈佛大学获得物理学博士学位，师从于范夫雷克（范夫雷克因为对磁性的研究，于1977年获得诺贝尔物理学奖）。有人因库恩转向研究科学哲学而错过了诺贝尔奖级的工作表示惋惜，但是或许，库恩在科学哲学上的贡献，是连诺贝尔奖都不能衡量的。

库恩迈向科学哲学的契机是他研读亚里士多德物理学[240]的经历。以20世纪物理学家的眼光，库恩觉得亚里士多德的物理学异常荒谬——这一点没什么好奇怪的，如果你学过中学物理，你也会觉得亚里士多德的物理学异常荒谬。

但是，库恩多想了一层：亚里士多德的很多其他理论是充满智慧的，为什么单在物理学上这么荒谬呢？从这个想法出发，库恩试图暂时抛开自己对物理的任何现代知识，站在亚里士多德的时代，以亚里士多德的视角来解读亚里士多德的物理学。忽然，库恩"开悟"了，他读懂了亚里士多德的物理学。从运动到时间，从质料因、形式因、动力因到目的因，从短暂与永恒的元素，到月上界和月下界的分别，甚至已经被当代物理抛弃了的以太，受过物理教育的现代人对这些概念的理解都与古希腊完全不同了，才觉得亚里士多德的物理理论幼稚而荒谬。而站在亚里士多德的时代和视角，库恩发现，亚里士多德的物理理论是合理的，如果库恩回到古希腊，以当时的知识，他也不会做得更好。

但是，这还不够。库恩又多想了一层：为什么现代人需要"开悟"，才能理解亚里士多德呢？按说，以现代人更丰富的学识，应该很容易理解古人的理论才对呀。为什么现代人理解古代人的理论，不像一个大学生理解小学课本那么容易呢？进而，库恩发现，古人的科学思想体系和现代人的科学思想体系之间（比如亚里士多德的物理学和牛顿的物理学之间），不是渐进的变化，而是经历了一场又一场的科学革命。如果让古人和现代人进行一次科学上的对话，双方将互相不能理解，他

---

240 在古希腊时代，物理学还没有从哲学里面分离出来，当时属于自然哲学的一部分。

们交流所用的词,在各自脑海中的含义是不一样的,这样的讨论将沦为鸡同鸭讲(除非其中一方经历了库恩式的"开悟")。

我们在学习科学的过程中,也能时常体会库恩式的"开悟"。例如,大家不妨回忆一下在学习中学物理时,懂得了"温度"居然是原子分子的随机运动产生的,是否体会到了与我们直观感受的"决裂"呢?如果大家系统地学过现代物理,不妨回忆一下自己学懂狭义相对论的一刹那,经历了怎样的与牛顿绝对时空的决裂;学懂广义相对论的一刹那,经历了怎样的与牛顿引力的决裂;学懂量子力学的一刹那,经历了怎样的与经典决定论的决裂;学懂重整化群的一刹那,又经历了怎样的与以"抵消发散"为目的的旧量子场论的决裂。这种决裂与库恩尝试理解亚里士多德相似。[241]

为了更好地说明两种思想体系的区别,库恩在他的名著《科学革命的结构》中引入了"范式"的概念。其实库恩在书中并没有清晰地定义"范式",甚至研究库恩的人在《科学革命的结构》这一本书中找到了二十多种"范式"这个词的不同用法。但是大致来说,范式是一种理论体系,是科学家理解世界的理论体系。

范式作为理论体系,存在于哪里呢?存在于书本上的理论体系是不够的。这也就是库恩需要"开悟"才能读懂亚里士多德的物理学著作的原因。库恩认为,范式存在于科学家的集体当中。一些科学家因为类似的信念、研究目的、研究方法,甚至也包括通过类似的训练做过类似的习题,彼此建立起了大量共识。这些共识能够让彼此交流理解。这样的一批科学家构成了一个"科学共同体"。这个科学共同体所持的观点,就是一个范式。一个科学共同体和另一个科学共同体,互相之间难以交流理解的特性(比如现代人难以理解亚里士多德物理学),被库恩称为范式的"不可通约性"。

---

241 但这些例子中的"决裂"与库恩理解亚里士多德的方向相反,是朝着更"进步"的物理学理论。但是,又怎么衡量物理学的进步呢?我们稍后回到这个问题。

一个新的科学工作者，如何进入一个范式呢？需要通过与科学共同体的交流。从一定意义上，这就是（科研人员读博士的时候）导师的重要性。科研人员没有"武林秘籍"。最好的书、最经典的科研论文是每个人都能轻易读到的。但是事实表明，不靠导师指导就自己会搞科研的人，如果不是没有，也绝对是极少的。[242] 导师对新人的帮助极多。但是概括起来，最重要的或许就是帮助学生理解无法用文字充分表达的共识，从思想层面和人际交往层面，让新人融入这个科学共同体之中。

一门科学发展的4个步骤

基于范式的概念，库恩将一门学科是否存在范式，作为它是否能算作科学的划界标准。他把一门科学的发展模式分为4个步骤。[243]（1）前科学时期：范式没有形成，大家各说各话，这门学科还没有成熟，不能被叫作科学。比如在亚里士多德之前[244]，物理学就处于这种状态。（2）常态科学时期：科学共同体有了足够多的共识，范式形成了，这门学科也就被称为科学。在常态科学时期，科学发展的模式就是解题，包括遗留下来的难题和用现有范式解释新的实验结果。比如从亚里士多德开始，到伽利略之前，亚里士多德的物理学就是常态科学。（3）反常与危机：随着这门科学的进一步发展，难以解释的实验结果大量出现，对理论的修修补补开始变得捉襟见肘。但是，科学家在没有更好的想法之前，还不得不进行补锅匠的工作。比如从伽利略的斜面实验和哥白尼的日心说对亚里士多德的颠覆开始，亚里士多德物理学陷入了危机。

242　在数学领域，或许反例多一些。因为数学通常定义严格，数学家更经常单打独斗，并且什么问题是重要问题也比较明确。不过，即使在数学领域，导师的作用也是巨大的。

243　从库恩"科学发展模式"中的"前科学时期"，我们难免会联想到春秋战国的"百家争鸣"；从"常态科学时期"，也让人联想到汉武帝采纳董仲舒的"独尊儒术"。之后的反常与危机让人扼腕叹息，而思想革命更让人激动。科学如此，文明兴衰更替的过程也是如此。

244　当然，亚里士多德的物理学或者同时代墨家的物理学等，是否成熟到了可以被称作"科学"，是可以探讨的。不过，亚里士多德、墨子等"学派"的出现，已经具有了科学共同体的特征。

（4）科学革命。一个"离经叛道"的想法出现了，继而一个新的科学共同体出现了。这个新科学共同体的成员，往往是以受到旧范式影响较小的年轻人[245]为主。他们创造了一个新的范式，去化解旧范式的危机。比如牛顿力学的建立，集伽利略与哥白尼于牛顿力学的体系之中。至此，范式完成了更替，科学进入新的常态时期，由此循环往复。

从我个人的科研经验来看，从库恩的范式论开始，科学哲学家们研究中的科学，开始有点像真的科学了。之后，拉卡托斯吸收了一部分波普尔的观点和一部分库恩的观点，提出的"科学研究纲领"对科学的本质阐述也很精辟。但限于篇幅和大家的耐心，这里就不赘述了。感兴趣的读者可以找拉卡托斯本人的《科学研究纲领方法论》来读。

科学的进步性

读到这里，敏锐的读者可能会有个问题：如果把科学的发展从历史的角度理解，理解成范式的更替，我们如何确定新的范式比旧的范式"好"，比旧的范式更加"接近真理"呢？不幸的是，库恩并不能很好地回答这个问题。不过，库恩还是认同科学在发展、在进步、在接近真理。但是，库恩之后以费耶阿本德为代表的一些科学哲学家，进一步质疑科学发展的进步性，对科学进行了后现代、非理性、反对方法论、"怎么都行"的诠释。我个人认为，虽然科学哲学很难严密地界定科学的进步性，由科学共同体选择出的新范式，仍大都是进步的。费耶阿本德走得太远了，已

---

245 观察科学家的年龄是一件有趣的事情。例如，做出各自在量子力学（科学革命）上的开创性贡献时，爱因斯坦26岁、海森堡24岁、狄拉克26岁……39岁写出薛定谔方程的薛定谔已经算是大龄青年了（不过他有一颗年轻的躁动的心）。但是，在当代物理学（常态科学时期）中我们却没有看到这样的现象。五六十岁的领军人物比比皆是。我不知道现代人是否比一个世纪之前"保养"得好一点。但是我觉得，科学革命时期和常态科学时期不同的特点，是造成这种年龄差异的重要原因。大家看到这里，是不是也会联想到《三体》中丁仪说的："孩子们啊，我这两世纪前的人了，现在居然还能在大学里教物理呢。"对于一个具体学科而言，我们实在很难预言科学革命什么时候发生。可能是明天，也可能是两个世纪以后。

经偏离了科学研究群体的实际情况。在科学活动中，仅在一些个别且尚未成功的例子中能找到一点费耶阿本德的影子。另外，在伪科学、阴谋论盛行的后真相时代，费耶阿本德的学说对社会的影响或许也是负面的。作为科学爱好者也好，科学工作者也罢，我们无须如此极端。[246]

范式论的广泛影响

范式的概念不仅影响了科学哲学界、科学界，也影响了我们对社会的认识。我们意识到共识的重要性和稀缺性。没有共识的讨论只是符号的盲目传递，是鸡同鸭讲。在《三体》中，"地球三体组织"就是通过"三体"游戏和线下网友聚会来培养和筛选一个具有共识的共同体，以达到他们的目的。各国警方一开始把地球三体组织当作笑话，直到很晚才对它足够重视，这体现了范式间的不可通约性[247]。这种科学共同体或其他形式共同体间的共识，就是《三体》里说的："现在，我们是同志了。"

另外，当大家看到《三体》中，随着罗辑或程心从休眠中苏醒，难免震撼于世界形态和文化一次次的巨大改变。这种差别除了物质上能不能从墙上戳出显示屏，更体现在群体心理。这种群体心理上的差别，也和库恩的范式有相似之处，或许可以看成是更浅（所以更容易更替）而受众更广的范式。当然，对群体心理的研究比库恩的范式理论早多了，例如100多年前勒庞的《乌合之众》就深入刻画了群体心理，书中很多观点至今仍如警钟高悬于世界。[248]

246　当然，我并不从事科学哲学类的研究。我对费耶阿本德的批评可能像一只鸟在批评鸟类学家一样可笑。不过，这种谁都有资格来批评的精神，也正是费耶阿本德的主张。

247　这里，地球三体组织与三体星球的通信内容并不是地球三体组织成员对组织持有坚定信仰的全部理由。因为组织的普通成员并没有亲眼看到通信的过程，甚至没有查阅通信记录的权限。而警方获得的信息甚至比一个三体组织普通成员更多。背后的原因或许有智子"显灵"的因素，但共同体间的共识应该也是一个重要因素。

248　甚至可以说，在网络时代，由于人与人的耦合范围增大了，平均强度加强了，《乌合之众》中强调的群体心理的特点，和勒庞写书时相比，现在具有了更大的现实意义。

美，爱与物理学

前面的几个小节中，我们花了大量的篇幅谈论哲学，特别是科学哲学。我并没有为读者下一个结论，说谁的哲学理论是"正确的"。事实上，哲学就是这种可以激发大家思考，但是没法下谁正确、谁错误的结论，甚至难以比较理论间高低的学科。哲思过后，让我们聊聊轻松些的话题：为什么竟然会有人热爱物理学？物理学美在哪里呢？

或许，物理学是极端理性的代表，而美是极端感性的代表。极端理性和极端感性，粗看很难联系起来。但人的意识就是这么不可捉摸。

由于对美的体验具有高度的主观性，这里我分享一点个人体验。前面我们提到层展现象及背后的规律：重整化群。当我在大学课堂上第一次听懂了重整化群的含义时，这个概念与我心灵的共振，"峨峨兮若泰山""洋洋兮若江河"，我觉得，我在同感伯牙与子期的高山流水。当时，我一整天都被这种体验环绕。借用刘慈欣在随笔《SF教》[249]中的语言描绘我那一天中的感受：

> 我读完那本书后出门仰望星空，突然感觉周围的一切都消失了，脚下的大地变成了无限延伸的雪白光滑的纯几何平面。在这无限广阔的二维平面上，在壮丽的星空下，就站着我一个人，孤独地面对着这人类头脑无法把握的巨大的神秘……

我觉得这就是对物理"美"的体验。这种体验来自何处呢？对我来说，它来自通过思维探索这个世界如何运行的本质。我无法解释，为什么这种思维过程与读名家诗词、与在博物馆欣赏艺术作品一样带给我相似的美的体验。这种物理学对世界的震撼人心的深刻解释力，是我所理解的第一种物理学之美，也是我感受最强烈的一种美。

第二种物理学之美，体现在物理学本身的结构。有个形象的比喻，把物理学比

---

249 收录于刘慈欣的随笔集《最糟的宇宙，最好的地球》。

作"物理学大厦"。这个大厦的架构十分美妙。由于本书的目的并不是为大家搭建"物理学大厦"，而要达到这个目标或许需要通过整整一本书的篇幅，所以这里我就不展开讨论这一点了。不展开的另一个原因是我个人虽然体验到这种美，但是感觉并没有前一种强烈，或许我不是合适的为大家讲述这种美的那个人。这方面，我推荐大家读一读徐一鸿先生[250]的《可怕的对称：现代物理学中美的探索》。

以上是我对物理学之美的看法。不过，最近我读到刘慈欣的一篇随笔《混沌中的科幻》[251]。在文章中，刘慈欣提出了一个观点，这个观点对我来说很新颖，并且，与我的上述两个观点是互补的，或许它可以作为第三种物理学之美：

科学之美和技术之美，构成了科幻小说的美学基础。

对技术的美，他说：

当自己第一次看到轰鸣的大型火力发电机组，第一次看到高速歼击机在头顶呼啸而过时，那种心灵的震颤，这震颤只能来自对一种巨大的强有力的美的深切感受。

对科学的美，他说：

世界各个民族都用自己最大胆、最绚丽的幻想来构筑自己的创世神话，但没有一个民族的创世神话如现代宇宙学的大爆炸理论那样壮丽，那样震撼人心；漫长的生命进化故事的曲折和浪漫，也是上帝和女娲造人的故事所无法相比的。还有广义相对论诗一样的时空观，量子物理中精灵一样的微观世界，这些科学所创造的世界不但超出了我们的想象，而且超出了我们可能的想象。

前面我谈到的两种美，是科学由外向内的美。刘慈欣这里谈到的美，是科学从内向外的美。当我读到这段文字（这段文字也是极美的）时，我忽然对众多科幻小说里对宇宙、对生命长篇的浪漫描写有了新的认识[252]——它们就是直接在描写科学

250　A. Zee是徐一鸿先生名字的英文拼写。在《可怕的对称》出中文版的过程中，他的名字被
　　　译为阿·热。

251　收录于刘慈欣的随笔集《最糟的宇宙，最好的地球》。

252　与此同时，我也体会到，作为科普工作者，我也应力求将这种美展现给大家。

的美。或许,由外向内,再由内向外,这种闭环才是科学完整的美。[253]

最后,请暂许我妄言对物理的爱。为什么爱物理?同样,爱也是一种高度主观的体验,我只能针对我个人的体验与大家分享。我觉得,对物理的爱,是两种爱的结合:爱学习物理和爱研究物理,其中的爱是有差别的。

爱学习物理,应该是因为物理的美。"爱美之心,人皆有之"吧。

而爱研究物理,却又有区别:研究与学习的感觉是不同的。做出发现的感觉,仿佛一种新的感官苏醒,仿佛这个世界陡然多了一个维度。你一定听说过阿基米德在准备洗澡时,踏进浴缸的那一刻顿悟了浮力的故事,据说他兴奋得连衣服都顾不得穿,就一边大喊"Eureka"(我找到了),一边狂奔起来。[254]对绝大多数研究人员而言,我们研究的大多数课题,并没有写在教科书里的那些那么重要、那么深刻、那么漂亮。但是,我们还是对研究工作乐此不疲。这是因为,我们的研究工作起源于我们的兴趣与好奇。研究的过程是艰苦的。即便我们研究的是一个小学科中的一个小分支中的一个小的问题,在历经千辛万苦之后,找到这个问题的答案,也是一种极致的爱的体验[255]。多年前,在蒙特利尔的一个晚上,我在办公室解决一个小问题。不知过了多久,突然成功。这时抬头一看,窗外竟已满天朝霞。这是我记忆中的做研究最浪漫的时刻。"众里寻他千百度,蓦然回首,那人却在灯火阑珊处。"

---

253 除这三种美以外,或许物理学还有一种美,这种美是价值上的美:它是人类智慧所能达到的荣耀。但是,正如我们在《黑暗森林》一章谈到的,价值上的美是"点状化文明"对物理的美的体验,我们研究人员作为个体,很少能体验到这种美。

254 我的大学同寝室室友(就是前面提到的那位)常在洗头时产生想法。他比阿基米德幸运,产生想法后不必裸奔了。

255 正是因为我觉得,对学习物理的爱和对研究物理的爱有差别,作为研究人员,我并没有兴趣走上刘慈欣小说《朝闻道》中的真理祭坛。我的真理是对学习的爱。这种爱,对我来说,没有对研究的爱那么强烈。吾爱真理,但吾更爱追求真理的过程。所以,即便不是以生命为代价,而是以放弃未来的研究工作为代价,我也不会走上去。

附录

在附录里，我们介绍一些与《三体》世界观相关的，但较零散的难以自成一章的内容。

仰望星空

哈勃二号：光学望远镜

人类观测宇宙，最早使用的望远镜是光学望远镜，用于观测可见光。这是因为在历史上，天文学家是把自己的眼睛凑到望远镜后面去观测，[256] 所以要从人眼能看到的可见光波段开始观测。另外，多数恒星发光最强的区域在可见光附近，所以使用光学望远镜观测它们也十分有效。

目前，光学望远镜的代表是哈勃空间望远镜，因纪念发现宇宙膨胀的天文学家

---

256 谁发明了望远镜？这个问题在历史上存在争议。不过，荷兰眼镜制造商利珀希是最早申请望远镜专利的人，专利申请于1608年，并迅速用于军事。1609年，伽利略听说了荷兰的望远镜技术后，很快就自己制造了望远镜，并且因此获得终身教职。很快，伽利略改进了望远镜，并且将望远镜用于天文观测。2008年，我有幸参加了国际天文学界纪念望远镜发明400周年的活动。记得在宴会上，一位与会者说："这个活动太好了，什么时候能再举办呢？"另一位答道："100年以后吧。"

哈勃而得名。哈勃望远镜运行在距离地面500千米的空间轨道上，它的口径是2.4米，角分辨率为0.04角秒。它最受公众关注，也产生了最多的科研成果——从木卫三的地下海洋到银河系的质量，从宇宙年龄到可观测宇宙中星系数量计数，哈勃望远镜是人类对宇宙的认识历史上的重要一步。

我们制造望远镜，是为了把天上的星星（或其他天体）看得更清楚。那么，怎么把星星看得更清楚呢？

一方面，为了把星星看得更清楚，望远镜需要收集更多的光。这样才能在底片上形成更明亮的图像，才能看到更远的星星。显然，望远镜的口径越大，就拥有更好的感光能力[257]。

另一方面，望远镜需要有更好的分辨率，用来看清楚天体的结构，或者把不同天体区分开来。如何提高望远镜的分辨率呢？提高望远镜分辨率通常受以下两个限制。

第一，望远镜的口径。由于光的衍射限制，望远镜分辨光线是否来自两个不同角度的能力（叫作角分辨率，越小越好）与光的波长、望远镜直径的关系是

$$望远镜角分辨率 \geq 光的波长 / 望远镜直径$$

前面我们提到的哈勃望远镜，它的分辨率就基本达到了光的衍射极限。所以，制造更大口径的望远镜，不仅有利于提高望远镜的集光能力，也有利于提高望远镜的分辨率。

在这一点上，《三体》可谓细节满满，充满诚意。小说中，军方想要征用哈勃二号，用来观察三体世界。军方是怎么说服哈勃二号为军方工作的呢？你是否还记得这些戏剧性的对话：

"……而现在观察三体世界，就需要把指向转动近30度角再转回去，将军，转

---

257 当然，提高底片CCD的感光能力也很重要。但是，底片感光能力是受单光子极限制约的。另外，增加曝光时间也可以收集更多的光。

动那个大家伙是要耗费推进剂的，我们在为军方省钱。"

"那就看看你们是怎么省的吧，这是我刚从你们的电脑上发现的。"斐兹罗说着，把背着的手拿到前面来，手中拿着一张上面已经打印出图像的纸，那图像是一张照片，是从上方俯拍的，有一群人正兴奋地向上仰望，很容易认出他们就是现在控制室中的这批人，林格站在正中间，还有三位搔首弄姿的外来女士，可能是他们中某三位的女朋友。照片中人们站的位置显然是控制室的楼顶，图像十分清晰，像是在十几米高处拍的……

"将军，您的命令当然是必须执行的。"林格赶紧说，工程师们也立刻忙了起来。

小说中的哈勃二号望远镜，直径达21米。假如哈勃二号和哈勃望远镜相似，也被放在距地面500千米的轨道上，那么，根据上面给出的望远镜分辨率公式，哈勃二号望远镜的分辨率可以看清地球上1厘米的物体。这确实是刚能看清人脸的分辨率。

第二，大气扰动。如果望远镜建在地面上，那么，大气扰动会对望远镜分辨率造成重要影响。如果不对大气扰动加以矫正，光线经过大气层，会使得望远镜的最佳分辨率被限制在1角秒左右（也就是说，分辨能力是哈勃的25分之一）。这就是哈勃望远镜要建在太空中的原因。

所以，如果调转哈勃二号的镜头来给楼顶上的人拍合影的话，考虑到大气扰动，合影的分辨率只能达到1米，和网上看到的高清卫星地图差不多，也就是说，勉强分辨出人数都成问题，更无法看清人脸。

当代地面望远镜采用了很多技术来修正大气扰动，使得建在地面上的望远镜也能达到接近甚至超过哈勃的分辨率。其中最有效的抗大气扰动技术是"自适应"光学，也就是通过实时改变镜面形状，为望远镜的成像"整形"。不过，哈勃二号是为观测太空而设计的，本不需要穿过大气层做观测（除非它还打算偷偷用作间谍卫星），所以应该不会加装自适应光学模块。

"哈勃二号"是《三体》中的设想。现实中，存在真的"哈勃二号"吗？

在现实中，哈勃望远镜的继任者是 JWST，即詹姆斯·韦布空间望远镜。JWST 的口径达6.5米，采用了类似折纸的技术，可以用一枚运载火箭发射到太空，再进行展开。JWST工作在红外线波段，这使它可以更好地观测更遥远的星光（星光会因宇宙膨胀而红移，也就是说波长变长）。1997年，JWST被提出时（当时还叫"下一代空间望远镜"），计划于2007年发射，预算5亿美元。后来，JWST计划一再延期并增加预算，最终于2021年年底发射，共花了97亿美元。在我写作本书的时候（2022年4月底），JWST的调试工作正在有序开展。从目前传回的数据来看，JWST的光学能力已经超过了发射前的预期。预计未来，JWST将为我们揭示关于宇宙的更多秘密。

红岸：射电望远镜

雷达峰是一个神秘的地方，那座陡峭的奇峰本没有名字，只是因为它的峰顶有一面巨大的抛物面天线才得此名。

可见光的波长是数百纳米。比可见光波长更长的是红外线，比红外线波长更长的是无线电。一般我们谈到无线电时，指的是波长在1毫米与100千米之间的电磁波。无线电由于波长很长，更容易绕过障碍物（想象水的波纹，绕过比水波的波长更小的一块小石头），被广泛用于通信，包括手机、电视机、收音机、GPS等信号。从第二次世界大战开始大量使用的雷达[258]，也是工作在无线电波段的。

在第二次世界大战之后，随着大量军用雷达退役转为民用，无线电天文学，也就是射电天文学，开始蓬勃发展起来。

---

258 雷达（RADAR）是Radio Detection and Ranging的缩写，本身的含义就是无线电侦测和定距。

　　与光学望远镜相比，射电望远镜有很多独特的优势。宇宙中有些区域被尘埃遮挡，例如新恒星形成的区域。这些区域非常适合用射电望远镜探测。一些天体更"喜欢"发出无线电，而不是可见光信号，例如脉冲星和快速射电暴，也适合用射电望远镜观测。

　　特别是在宇宙变得透明后，第一代恒星形成前，宇宙经历过一个"黑暗时代"。这个黑暗时代发生过什么？目前，我们还不能探测宇宙的黑暗时代。未来，射电望远镜是探测黑暗时代的唯一已知观测手段。

　　另外，由于人类主要使用无线电波段进行通信，并且这也是考虑穿透性、天线尺寸、信号传输速率等条件之后的优化选择。所以，假如有外星人，大家猜测（只是猜测而已，未必靠谱）外星人也应该用无线电进行通信。所以，射电望远镜也有可能听到外星人通信的信号，因此也作为寻找外星人的手段。不过，用射电望远镜寻找外星人的努力，除了几次误报（例如把人类的微波炉当成可疑信号）以外，目前还一无所获。

宇宙闪烁：微波背景辐射

在《三体》中，当汪淼带上波长转换眼镜，将宇宙微波背景的波长转换成可见光波长时，他看到这样的景象：

他抬起头，看到了一个发着暗红色微光的天空，就这样，他看到了宇宙背景辐射，这红光来自于一百多亿年前，是大爆炸的延续，是创世纪的余温。

什么是宇宙的微波背景辐射呢？为什么天空中弥漫着这种辐射？为什么说它是"创世纪的余温"？

100年前，我们就知道宇宙在膨胀。所以[259]，时间越早，宇宙越热。在宇宙的年龄小于38万岁时，宇宙的温度高于3000摄氏度，因此，原子核与电子不能形成原子，宇宙处于等离子体状态。在等离子体状态中，光和电子频繁碰撞，当时，光不能在宇宙中自由传播。

当宇宙年龄达到38万岁时，宇宙中的电子开始被原子核"抓起来"，形成原子。这样，光就可以在宇宙中畅通无阻地传播了。也就是说，在宇宙年龄为38万岁的时候，宇宙空间中每一点都是光源，表征等离子体温度的光线从宇宙空间中的每一点向所有方向自由传播。它们是宇宙中的第一束光。宇宙万物，都存在于这第一束

---

259 这里一个简单的"所以"，隐藏着历史上一个关于大爆炸宇宙和稳恒态宇宙的大辩论。霍伊尔等天文学家曾认为，宇宙早期和现在的温度一样，随着宇宙膨胀，新的物质从宇宙空间中产生出来。后来，微波背景辐射、原初核合成和遥远星体的演化，证明了大爆炸宇宙学是正确的，而稳恒态宇宙学则退出了历史舞台。

光的"背景"之中。

从那时起，之后接近138亿年的漫长岁月中，光线的波长随宇宙膨胀而变长。传播至今，这些宇宙中第一束光线的波长被拉长到1毫米左右，属于无线电波段中的微波波段。所以，宇宙中的第一束光叫作宇宙的"微波背景辐射"。

微波背景辐射可以用地面实验来观测，也可以用卫星实验来观测。《三体》中提到的三代微波背景辐射实验卫星如下。

COBE（宇宙背景探测器），服役时间为1989—1993年。

WMAP（威尔金森微波背景各向异性探测器），服役时间为2001—2010年。

Planck（普朗克），服役时间为2009—2013年。

所以，除WMAP与Planck的运行时间有一年重叠外，不存在3个卫星同时工作的时段。也就是说，实际上，汪淼无法同时看到3颗卫星信号的闪烁。

作为宇宙中最早的光线，宇宙微波背景辐射可以说"全身都是宝"，为我们带来大量关于早期宇宙的信息。微波背景辐射的温度（2.726K）告诉了我们光子从自由传播到现在的宇宙膨胀的倍数。微波背景辐射的各向异性（十万分之一量级的亮度扰动）告诉我们宇宙中星系结构的起源。各向异性的细节又告诉我们关于早期宇宙视界尺度、暗物质、暗能量的信息等。

未来，对于微波背景辐射极化的观测，可能会发现原初引力波；对于微波背景辐射高阶关联函数的观测，可能会发现极早期宇宙中的粒子物理相互作用；对于微波背景辐射与黑体谱偏离程度的观测，可能会告诉我们宇宙演化的细节。

电磁波以外的观测手段

迄今为止，我们对宇宙的大部分认识是通过电磁波得来的。但是，除电磁波外，很多其他观测手段也在蓬勃发展。

在《三体》中，在智子锁死了地球加速器科技后，丁仪转而进行宇宙线研究。宇宙线由质子、原子核、电子等粒子组成，可以为人类提供关于宇宙中剧烈活动的天体以及暗物质的性质的信息。目前探测到的最高能宇宙线粒子（可能是一个质子），单个粒子的能量达到了50焦耳，是目前人造加速器中能产生的质子能量的数千万倍。

中微子和引力波与其他物质的相互作用都非常弱。所以，探测宇宙中的中微子和引力波，可以告诉我们宇宙中隐藏更深的奥秘，例如超新星爆炸时的中心的变化、黑洞合并的瞬间的时空变化、宇宙变得透明之前的状态等。特别是，自从2015年黑洞合并引力波的发现开启了引力波天文学时代以来，引力波观测已经为我们理解黑洞做出了大量贡献。

技术爆炸

纳米技术

无论是科幻小说中的叙事，还是我们自己脑海中的想象，当我们谈论未来科技时，想得最多的是无比宏大的场景——机械森林般的星球、钢铁洪流般的太空舰队、利用整个星系的能源……自然，文明要向外扩展，要从大处着眼。但是，你有没有想过，文明也要向"小"的方向发展呢？这种向"小"处发展的努力，被刘慈欣称为《文明的反向扩张》。他的小说《微纪元》中也体现了人类小时代诗意的优点。

当代科技已经算发达了。但是，大自然的馈赠仍然是"高质量"的代名词。比如皮包皮鞋，汽车内饰，我们常常想要"真皮"的。科技已经发展到了我们可以上太空、上月球，为什么我们人造的材料还比不上动物身上那层皮呢？为什么如此"高技术"的人类，制造的材料论耐久仍比不上牛皮，论坚韧仍比不上蛛丝，论华美仍比不上彩蝶翼、孔雀翎？

你猜猜，最早问这个问题的人是谁？居然是一位理论物理学家。他就是爱玩爱闹的理查德·费曼。在1959年的一次讲演中，费曼提出，对于科研的发展方向而言，"底下还有的是地方"（There's plenty of room at the bottom）。人们认为，这是纳米技术的开端。

在费曼的时代，已经有了指甲大小的电动马达和把书籍体积缩小几百倍的微缩胶片。但是，基于物理上的计算，费曼进一步发问，"我们为什么不能把百科全书写在大头针的针头上"？用1000个原子代表图像上的一个点，我们就可以将百科全书写在大头针的针头上了。怎么去写这么小的字呢？

费曼提出，我们用放大镜可以看到小字。把这个过程的光路反过来，就可以写小字了。假想现在我们"看"这一端，不再是用眼睛看，而是使用能够进行雕刻的光源（或者离子源、电子源），这样，把"看小字"的光路图反过来，我们就可以"写小字"了。你可能意识到了，这就是现代芯片产业中的"光刻技术"。

费曼说的针头，是大头针较粗的一头，不是针尖。在他的估算中，大头针的针头是1平方毫米左右。现代的硬盘，1平方毫米已经可以储存1GB的信息，现代的集成电路技术，1平方毫米已经可以塞下1亿个晶体管。所以，现代计算机技术已经基本实现了费曼的梦想[260]。

大家可能会吃惊，费曼为何如此有预见性？在与费曼演讲同时代的科幻小说中，如阿西莫夫[261]的《基地》里，在能进行时空跃迁的神奇飞船上，你还经常能找到"微缩胶片阅读机"这种让现代人出戏的"高科技"。费曼是怎么跨越时空，看到现代技术的呢？这得益于他基于物理学的思维，这种思维后来被埃隆·马斯克称

---

260 尽管大英百科全书有4000万字，远小于1GB，但费曼设想的是无压缩存储图像，这比存储纯文本要更难些。

261 阿西莫夫本人是化学教授，也是出色的科学家。这里我自然不是说阿西莫夫缺乏科学想象力。他的作品已经足够精彩了。毕竟任何人都不可能在每个方面都把科学想象力发挥到极致。

为"第一原理"的思维方式[262]。"第一原理"的思维方式是用物理学的角度看待世界的方法，也就是一层层剥开事物的表象，看到里面的本质，然后再从本质一层层往上走。这个世界上有很多特别复杂的学科，例如生命科学、心理学、经济学，我们很难基于第一原理研究这些学科。所以，这些学科中充满实验结论和案例。我们经常难免用类比的思维方式来思考。但是物理学有点区别：物理学刚好恰到好处地简单，可以让我们在用实验总结出第一原理之后，就可以用第一原理的思维方式，跨越时空，推断出技术的极限在哪里。当然，案例和第一原理的思维方式都是重要的，如果我们只有第一原理的思维方式，难免会变成一个"四体不勤、五谷不分"的科学怪人。但是，多数人都已经拥有案例的思维方式。建立起第一原理的思维方式，对我们的思维是个有益的补充。

回到存储技术。既然我们已经基本实现了费曼的预言，我们可以满足了吗？还没有。我们尚未胜过大自然。1平方毫米储存1GB的信息很厉害吗？人类的基因组有60亿个碱基[263]，对应的信息量也是GB的量级。而基因组对应的长度是微米量级，比毫米可小多了。如果人类能掌握DNA存储技术，那么装满一个咖啡杯的用DNA存储技术的数据，数据量就超过了目前全世界的所有数据。这么高的存储密度，除了因为DNA在分子级别存储信息以外，也得益于DNA在三维空间中的紧凑结构[264]。假如我们能把一个个碱基排成一条直线，人类基因组可以排100个日地距离那么长。大家想象一下这个DNA展开的过程，是否有点《三体》中"质子高维展开"的意味呢？所以，说句玩笑话，如果有人说旅行者1号已经从地球飞到太阳

262　马斯克本人也是使用这种思维方式预见到电动车和航天技术中巨大的商业机会。

263　如果按基因中碱基数量计算，人类可不是万物之王。无恒变形虫的基因组中有1.2万亿碱基，是人类的200倍。人类和它比起来就小巫见大巫了。

264　另外，DNA存储信息的稳定程度和纠错机制，也让磁盘和闪存相形见绌。目前，科学家已经能对100万年前猛犸象的DNA进行测序（当然，经过了100万年以后，DNA已经损坏成了小片段，需要还原、拼接冻土中保存的猛犸象样本才能完成测序）。

系边缘了，好厉害啊！你可以说，这还没我的 DNA 长。

我们在正文中提到的光刻机、碳纳米管都可以看成是纳米技术。特别是光刻机及与其相关的芯片制造业，开启了信息时代和移动互联网时代，在纳米的尺度发起革命，彻底地改变了人类社会的组织方式。目前，变革还在进行中。纳米技术的其他突破，例如碳纳米管如果让太空电梯变为可能的话，会不会为人类开启其他领域的新时代呢？

所以，费曼的话至今仍然有效。对于纳米科学而言，"底下还有的是地方"。而基于纳米科学的纳米技术的应用，现在才刚刚开始。

可控核聚变

自从工业革命以来，能源是人类发展的驱动力。直到今天，人类利用的能源，绝大多数来自于太阳的发光发热。例如，煤、石油、天然气是化石能源，来自于数百万年前的古生物残骸；水力发电来自于由太阳照射导致的蒸腾降雨；[265] 风能来自于由太阳照射导致的冷热不均；太阳能更是直接来自于太阳。进一步追求本源，太阳的光热来自于太阳中心的把氢原子核聚合成氦原子核的核聚变反应。

那么，除了靠天吃饭，利用自然界中的太阳，人类有没有可能制造出属于自己的小太阳，专门为人类提供能源呢？

核电站发电的原理与太阳没有直接关系。目前，核电站使用的是核裂变，也就是持续发生重原子核裂成轻原子核的反应，并释放能量的过程。现在，核裂变提供了全球约 10% 的电能。[266] 但是，对核裂变发电，包括发电过程、产生放射性核废料，世界上还存在争议。一些国家大力发展核电站，另一些国家则担心潜在安全问题，在不断关闭已有核电站。另外，与化石燃料相比，核裂变燃料在地球上的储量相当

---

265 潮汐能除外，它来自月球和太阳引力造成的潮汐力。

266 这个比例在不同国家大不相同。在法国，核电占比高达 70%。

丰富，但我们还是会担心核裂变无法满足人类快速增长的能量需求。

那么，除了具有放射性风险，并且储量有限的核裂变能源，是否存在储量更丰富、更安全清洁的核能呢？

前面，我们提出了两个问题。它们的答案指向同一个技术方向：核聚变。

与核裂变相比，核聚变要面临一个重大困难：原子核带正电，互相排斥。要把两个（或更多）原子核聚到一起，首先要克服原子核之间巨大的排斥力。所以，核聚变要有极高的压强把聚变物质约束起来才能实现。在太阳内部，极高压强的条件是由太阳巨大的质量产生的引力达到的，也就是**引力约束**。人类无法聚集像太阳一样巨大的质量的物质，因此无法通过引力约束实现核聚变，所以，只能采用其他方式达到高压环境。

早在1952年，人类就实现了核聚变，即氢弹。它使用原子弹将内部的聚变燃料压缩，达到核反应需要的巨大压强。也就是说，聚变燃料是被**惯性核爆约束**的。不过，氢弹的剧烈爆炸不可控，无法为我们提供聚变能源。

如何实现可控核聚变呢？人类在50多年前就已经实现了可控核聚变，即聚变器（诞生于20世纪60年代）。现在，有些极客甚至在自家车库里也能制造出聚变器来。聚变器的原理和对撞机有些类似，让电场加速离子束，使离子束碰撞发生聚变（**惯性静电约束**）。但是，聚变器中的绝大多数离子都彼此错过了，只有极少数离子碰巧发生聚变。所以，聚变器效率很低，目前已有装置的输入能量都远大于聚变输出的能量。聚变器的低效率，是由设计原理决定的。即使还有改进余地，人们对聚变器的未来也不太乐观。

目前，人类寄希望于两种技术：**磁约束**和**惯性约束**，期望未来可以实现通过核聚变发电。其中，惯性约束是用激光加热聚变燃料颗粒。例如，美国国家点火装置（NIF）已达到输出能量为输入能量的70%。

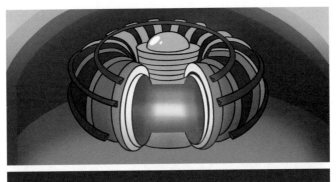

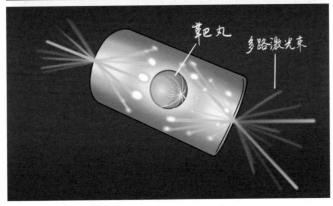

　　磁约束是一种使用磁场来约束带电粒子的方法。带电粒子在磁场中受到的力与运动方向垂直，所以，带电粒子在磁场中倾向于转圈，不容易跑出磁场。通过精细调控磁场，还能控制带电粒子流的形状。不过，说起来容易做起来难。磁场的强度、形状、装置材料的强度、抗辐射能力等，都是未来磁约束核聚变的巨大挑战。目前，磁约束核聚变中被研究最多的技术是托卡马克装置，现在，通过托卡马克装置产生的聚变能量，已经接近输入能量。[267] 未来，国际热核实验堆（ITER）和中国聚变工程实验堆（CFETR）都将达到聚变输出能量大于聚变输入能量的目标，将可控核聚变从一个科学问题转变为一个工程问题。未来，要让可控核聚变发电比其他发电方式更便宜，还有很长一段路要走，或许需要几十年才能实现。

---

267 目前，建造于英国牛津郡的欧洲联合环状反应堆（JET）保持着输出能量与输入能量的最大比值世界纪录 Q=0.67（对于氘–氚反应。对氘–氚反应，已经达到 Q>1）。我国的先进实验超导托卡马克实验装置（EAST，又称东方超环）也在各项指标上达到了世界先进水平。

在更远些的未来，一旦可控核聚变可以为人类提供成本远远低于化石燃料、太阳能的清洁能源，人类改造自然的力量将远远高于当代，可能会开启一系列巨型工程，例如大规模改造地貌、海水淡化、星际移民。《三体》中用核聚变的热量催开桃花，就是对这种力量的浪漫描写。希望未来我们能实现丁仪的预言：

从今以后，能源在地球上不是什么需要节约的东西了。

到那时，你想用能源做哪些对人类有意义的事情呢？

生命之魅

冬眠

冬眠技术是《三体》等大量科幻小说的重要技术背景板。科幻小说如此青睐冬眠技术，一个原因是情节安排的需要。因为星际航行往往需要数十年甚至更多年，而读者需要同一个主人公带来的代入感。如果要让太空旅行者在飞船上繁衍世代，还让读者看得下去的话，或许需要每一代的族长都叫同一个名字才行。

不过无论如何，如果人真的能"冬眠"，无论是希望未来能得到治愈的绝症患者、梦想未来可以获得永生的人，还是星际宇航员，都会从中受益。让星际宇航员"冬眠"，可以减轻飞船中生命维持系统的负荷，并且可以减少星际宇航员的活动范围，从而保护他们少受宇宙线的辐射。

科幻小说中"冬眠"这个词来源于动物的冬眠现象。在食物短缺的冬天，这些动物降低新陈代谢速度，只通过体内脂肪等能量过冬。一些小型哺乳动物，比如某些种类的松鼠，在冬眠时，体温可以降到接近零度。而像熊一样的大型哺乳动物，冬眠时体温只略微下降。像肥尾狐猴这样基因与人类相似的灵长类动物也会冬眠，并且或许因为有冬眠的习惯，它们的寿命比类似物种更长。

人类能"冬眠"吗？目前，已有很多关于人类能否冬眠的研究（这类研究在美苏太空竞赛时更活跃一些），有很多科学家对"开启人类冬眠基因"抱有信心。但是，人类能否冬眠的问题还没有确定答案。

英文的冬眠（hibernate）和计算机待机是同一个词。或许，计算机是执行冬眠最有效的"物种"。

比冬眠更彻底的方式是冷冻保存，这是低温生物学的研究范畴。对于单个细胞而言，包括单细胞生物和人类胚胎，降温可以降低细胞活性，减少细胞新陈代谢，而如果把细胞放在液氮中，则可以长久保存，并在温度回升后保持细胞功能。在冷冻细胞时要控制细胞的冷却速度，不同种类的细胞的最佳冷却速度也各不相同。比如红细胞最好以每秒近100摄氏度的速度进行快速冷却，而干细胞最好每分钟只冷却1摄氏度。

多细胞动物冷冻后复活技术的难度更高。近年来，科学家复活了西伯利亚冻土层中冰冻了3万年或4万年的线虫。[268] 这为多细胞生物的冷冻后复活带来了希望。

实现中的人类冷冻复活还遥遥无期，甚至这些技术目前还难以纳入严肃科学的范畴。不过，国外有些激进者已经通过相关公司，在自己去世后（或将要去世时）把自己冷冻起来。为了节约成本，有些公司也提供"只冻大脑"的选项。这些公司并没有复活这些冷冻人的技术，只是寄希望于未来技术可以复活他们。不过，即使未来真的可以实现冷冻人的复活，目前不成熟的冷冻技术，以及这些公司能存活的年限，都无法保障这些冷冻人能坚持到未来的复活。

如果飞船可以携带一个较大的黑洞，并且利用黑洞提供推进力，那么，另一个快点儿到达未来的方式，是让想冬眠的人去黑洞旁边休息一会儿。[269]

---

268 参见A.V. Shatilovich, et al. Viable Nematodes from Late Pleistocene Permafrost of the Kolyma River Lowland[J]. Doklady Biological Sciences. 2018; 480: 100–102。

269 不过，要想让人在黑洞旁边不被撕裂，黑洞需要足够大，或人要变得足够小才行。

深海模式

在《三体》中，让宇航员承受超高加速的"深海模式"让人印象深刻：

当处于最高推进功率时，飞船的加速将达到120G，所产生的超重是正常状态下人体承受极限的十多倍，这时就要进入深海状态，即在舱室中注满一种叫"深海加速液"的液体，这种液体含氧量十分丰富，经过训练的人员能够在液体中直接进行呼吸，在呼吸过程中，液体充满肺部，再依次充满各个脏器。这种液体早在20世纪上半叶就有人设想过，当时的主要目的是实现超深潜水，当人体充满深海加速液时，与深海中的压力内外平衡，就具备了深海鱼类那样的超级承压能力。在飞船超高加速的过载状态下，充满液体的舱室压力环境与深海类似，这种液体现在被用于作为宇宙航行超高加速中的人体保护液，所谓"深海状态"也就由此得名。

读了这段话，你可能想问几个问题。

第一，可以在液体中呼吸吗？如果这个问题不限物种，那么答案显然是可以。因为鱼就是在水（液体）中呼吸的。但是，用肺呼吸的动物，包括人类，早就适应了只在空气中呼吸的环境，不能在水中呼吸。不过，用肺呼吸的动物无法在水中呼吸，并不完全因为水是液体，[270] 还因为水中的含氧量太少，肺的构造无法在含氧这么少的液体中获取足够的氧气。同样，水也无法有效带走血液中的二氧化碳。一些液体，例如一些氟碳化合物，可以溶解大量氧气和二氧化碳。所以，用肺呼吸的动物也可以借助呼吸机，在氟碳化合物中呼吸。早在1966年，研究人员在实验中就实现了让猫和老鼠完全用液体呼吸[271]。目前，气体呼吸和液体呼吸混合的"部分液体通气"方案，已经应用在很多婴儿重症监护病房中。

270　不过，人类的肺靠自己的力量，无法自主吸入和呼出液体。所以，如果要实现液体呼吸，也要通过液体呼吸机的辅助。

271　参见 Clark, Gollan. Survival of Mammals Breathing Organic Liquids Equilibrated with Oxygen at Atmospheric Pressure[J]. Science. 1966; 152: 3730。

第二，可以用液体呼吸来实现深海鱼那种超级承压能力吗？当你潜水时，会感受到肺承受的压力。这是因为肺中的空气因水压而被压缩。因为液体几乎不会被压缩，所以如果用液体呼吸，人在深海就没那么容易被压扁。不过，在深海进行液体呼吸还是有很多技术问题，例如人无法自主呼吸液体，所以需要携带呼吸机等生命保障系统进入深海。这样和坐在潜水艇里面下潜相比，优势就没那么明显了。

第三，可以用液体呼吸来承受120G的加速度吗？这里的120G就是我们在地球上承受重力加速度的120倍。这种承受更多加速度的现象叫"过载"。经过训练的飞行员可以承受接近10G的过载。[272] 我们在科普时为简便起见，有时会说120G的加速度就相当于119个人压在我们头上一样。这使人觉得，加速度和压力好像是一回事。确实，液体可以让人在加速中好受一些，因为与人体密度相同的液体会均匀地挤压整个人体，而不是只通过座椅来挤压飞行员。这样，可以让飞行员承受过载的能力有一定提升。

但是，加速度和压力也有很大的不同。因为压力作用在人的外部，而加速度作用在人的内部，作用在人体每个器官上。除了让人感觉到压迫感，更重要的是，还会让人身体中密度不同的部分互相分离。人的血液会在几个G的加速度下向头脑或者腿脚集中，导致头部充血或缺血，这就好像洗衣机甩干衣服的时候把衣服里的水甩出去一样。[273] 使用液体呼吸并不会改善人的血液因加速度而改变分布的问题。甚至，由于目前氟碳化合物呼吸液密度比水大得多，吸入氟碳化合物液体后，人的过载表现可能会更糟。

---

272 为了保证飞行员的安全，战斗机一般不会达到超过9G的加速度。而无人机和导弹就没有这样的限制，所以可以达到更好的性能。

273 洗衣机甩干衣服时，每分钟转速可达数千转，对应几百G的加速度，比《三体》中的120G还大。

三体文明

三体人什么样？

在《三体》中，对三体文明的形态，刘慈欣做了大量的留白。所以，我们只知道关于三体人的少量细节，比如三体人会脱水：

首先，在很多轮文明中，三体人的脱水功能是真实的，为了应对变幻莫测的自然环境，他们随时可以将自己体内的水分完全排出，变成干燥的纤维状物体，以躲过完全不适合生存的恶劣气候。

三体人的"脱水"能力，在一些顽强的地球生物中也存在。比如水熊虫（学名：缓步动物）在低温环境下，可以排出身体里的大部分水，把身体里的水在体重中的比例从85%降到3%。有趣的是，同样是脱水，三体人脱水是因为要应付高温暴晒，而水熊虫却是因为要应付低温，因为当细胞内水分占比减少，就减少了致命的细胞内结冰的风险。除了会用脱水来对付低温外，水熊虫个体长约0.5毫米，它们的耐辐射能力比人类高数百倍，可以在数千倍大气压下生存，也可以在真空中生存一会儿，甚至就算你给水熊虫下毒，它都有应对办法。因为水熊虫拥有顽强的生命力，所以从喜马拉雅山顶到海洋底部都有水熊虫的踪影。

我们了解的关于三体人的另一个细节就是它们会用光通信，以及组成"人列计算机"：

你们刚才问过三体人的外形，据一些迹象推测，构成人列计算机的三体人，外表可能覆盖着一层全反射镜面，这种镜面可能是为了在恶劣的日照条件下生存而进化出来的，镜面可以变化出各种形状，他们之间就通过镜面聚焦的光线来交流，这种光线语言信息传输的速度是很快的，这就是人列计算机得以存在的基础。

地球上有没有像三体人那样通过光通信进行计算的"人列计算机"呢？人列计算机可能没有，"虫列计算机"却是存在的。

不知地球上有没有利用反射太阳光来通信的物种。不过，地球上有生物可以通过自己发光来达到光通信，这就是萤火虫。萤火虫通过发光传递求偶等信息。为了提高通信效率，让更远处的萤火虫看到，很多萤火虫经常需要抱团发光，一群萤火虫像约好了似的，一会儿亮，一会儿暗。一群萤火虫如何更有效地吸引其他萤火虫？这是一个具有解决问题能力的复杂自组织现象。萤火虫们正是用发光通信组成的"虫列计算机"[274]来寻找这个群体最有吸引力的聚集和闪光方式。受萤火虫闪烁行为启发，计算机科学家杨新社提出了仿生的萤火虫算法[275]，用来处理计算机遇到的优化问题。

水滴

《费曼物理学讲义》是最著名的物理学教材之一。讲义一开篇，费曼就邀请读者想象一颗水滴：

> 为了说明原子观念的重要作用，假设有一滴直径为1/4英寸（0.635厘米）的水珠，即使我们非常贴近地观察，也只能见到光滑的、连续的水，而没有任何其他东西，并且即使我们用最好的光学显微镜（大致可放大2000倍）把这滴水放大到40英尺（12.192米）左右（相当于一个大房间那样大），然后再靠得相当近地去观察，我们所看到的仍然是比较光滑的水……再次把水放大2000倍……你将看到水中充满了某种不再具有光滑外表的东西，而是有些像从远处看过去挤在足球场上的人群。

最后，费曼和读者们看到了组成水滴的原子和分子。不过，《三体》中的水滴则不一样。当放大水滴时，人类看到了什么呢？什么也没有看到：

> 放大后的表面仍是光滑镜面。而人类技术所能加工的最光滑的表面，只放大上千倍后其粗糙就暴露无遗，正像格利弗眼中的巨人美女的脸。

> "调到十万倍。"中校说。

---

274 这里的虫列计算机是专用计算机，专门解决有效吸引其他萤火虫的问题。

275 他也提出了一些其他仿生学优化算法，例如布谷鸟算法、蝙蝠算法等。

他们看到的仍是光滑镜面。

"一百万倍。"

光滑镜面。

"一千万倍!"

在这个放大倍数下,已经可以看到大分子了,但屏幕上显示的仍是光滑镜面,看不到一点儿粗糙的迹象,其光洁度与周围没有被放大的表面毫无区别。

《三体》中假想,水滴是由强相互作用力材料制成的。这是一个没有科学依据,但是又很聪明和有趣的假想。

在物理中,我们要处理的力多种多样:推力、拉力、弹力、摩擦力……但这些力归根结底是什么?我们日常生活中的力都能归结成两种基本力:电磁力和引力。当物理学家进一步研究基本力时,又发现了两种新的基本力:弱相互作用力和强相互作用力。

为什么我们在日常生活中没有发现弱相互作用力和强相互作用力的迹象呢?我们不容易看到弱相互作用,是因为它太弱了。而我们不能看到强相互作用,则是因为它太强了。

你可能会感到惊讶:既然强相互作用力太强,应该更容易看到才对啊。但是,我们不容易看到强相互作用力,这和一个单身汉不容易看到爱情是一个道理:爱情强烈到让恋爱中的人出双入对地行动,不会"辐射"出来,所以就不容易被单身汉看见了。

在物理上,很难把一种非常强的相互作用力的物理效应计算清楚。我们可以写出强相互作用力的基本方程,也就是杨振宁-米尔斯方程。但是,因为强相互作用力太强,在能量不太高的情况下,我们没法解析地解出方程的解,就连近似解也得不到。涉及强相互作用力的领域时,物理学家只好借助巨大的超级计算机,才能勉强算出质子质量等"简单"物理量。强相互作用力有没有可能体现为其他物态?我们还不清楚。

所以，即便《三体》里强相互作用力制成的水滴没有科学依据，由于求解极度困难，我们也很难通过基本粒子的物理学来否认"水滴"的存在。在科学与科幻的结合点上，水滴的假想存在于难以证明、也难以否认的灰色地带。

智子

在《三体》中，三体文明的一大成果就是把质子展开，再雕刻成智子。多个智子可以通过"量子感应"进行超光速通信。

能把质子雕刻成智子吗？可以通过"量子感应"实现超光速通信吗？在我们目前的物理学框架中，这两件事情看起来都是不可能的。

能不能把质子展开到高维，雕刻出结构，然后再"塞"回低维呢？我们且不说"高维展开"这件事情目前还太科幻，[276] 我们必须注意到，粒子能携带的信息量与粒子的质量和大小息息相关。这个关系叫作贝肯斯坦上限。在自然单位制下，贝肯斯坦上限告诉我们，物体携带的信息量（状态数的对数，即熵）小于该物体半径与能量的乘积。所以，没办法在质子质量不变的情况下，给质子内部添加很多信息，再塞到同样大小的体积中。

不过，虽然《三体》里对质子高维展开的描写美轮美奂，其实从书中的情节来看，也并不需要展开后的"智子"有多高的智能。只要智子能瞬间在地球和三体之间通信就行了（也就是说，不必把智子看成一个主机，把智子看成一个终端，就可以完成书中的大部分情节）。那么，有可能在距离几光年的尺度上瞬间通信吗？

不幸的是，在这一点上，量子力学帮不了我们。虽然在量子力学里，两个粒子间可以"纠缠"，这种纠缠不受时空距离的限制，但是，量子纠缠不能超光速传递经典信息。这是因为，纠缠的两边，比如地球和三体人那边，测量到的结果都是随

---

276 质子是由夸克组成的，所以要展开，也是展开夸克更合适一些。不过，这样就没法谐音成"智子"了。要是把电子展开成"癫子"，听起来也没那么厉害。

机的。三体人无法操控他们测量到的结果，也就无法利用他们那边的测量向地球传递信息。

如果非要进行超光速通信的话，既然《三体》中已经描绘了质子在高维的展开，索性用额外的空间维度进行超光速通信，看起来更靠谱一些。这是因为，原则上可能存在一些特殊的时空几何结构[277]，在我们看来距离很远的两个点，在额外维中距离却很近。只要能进入额外维，就可以通过这样的时空结构超光速通信了。当然，这只是一种原则上、理论上的可能性。目前还没有任何实验达到超光速通信。并且，考虑到"超光速"与"回到过去"之间存在密切关系，而"回到过去"又会破坏因果关系，有可能永远也无法实现超光速传递信息[278]。

捉虫记

在附录最后，与大家聊一聊我眼中《三体》的一些不合理之处。在此之前，我先说明，这些"捉虫"的尝试，并不是试图损害《三体》在我们心中的形象，而是恰恰相反。

第一，我觉得，一部科幻小说具有一些不合理的地方，并不影响它作为科幻小说的价值。科幻小说的价值在哪里呢？从文学的角度，科学的合理性关系较小；而从科学的角度，科幻能启发我们的想象，让我们对科学感兴趣，让我们问出问题，推动我们去科学里寻找问题的答案，就足够好了。论严密性，论系统性，任何一部科幻作品也不能替代科学教材。但论启发人热爱科学的价值，科幻作品或许比教材要好得多。所以，尽管《三体》中的三体不"三体"，二向箔不"二向"，《三体》仍

---

277 这些几何结构需要一些负质量或负压强的物质来支撑，所以可能无法制造出来。

278《三体》中基本贯彻了光速是速度极限这样的世界观。但是在"智子"上，为超光速开了个后门。

然无论在社会上，还是在学术界，都圈粉无数。另外，科幻或许还有未来学的意义。就算科幻作品中提到的某一种技术途径是走不通的，它提出的对未来的展望，或许可以用其他技术殊途同归地实现，而此时，科幻作品已让我们对这种未来早做准备。

第二，希望这里我的评论，不会给大家一种"出戏"的体验。就我个人而言，作为物理研究人员，书中的很多情节从科学上我显然是不能接受的。但是，这并不影响我热爱这部小说。这就好比，我们读武侠小说的时候，虽然，知道里面描述的神奇功夫是不存在于真实世界的，却仍读得乐此不疲。由此推理，我猜想这里我们谈论《三体》科学上的不合理之处，也不会影响大家的阅读体验，不会让大家感觉"出戏"。如果不是这样，我建议大家不要读这个附录。

第三，或许，我眼中的一些不合理之处并不是《三体》的问题，而只是显示了我见识的粗陋。科学博大精深。我说不可能的事情，或许只是我没想到如何将它纳入科学框架里而已。"准晶"概念的提出者、理论物理学家保罗·斯坦哈特曾回忆，"不可能"对费曼意味着什么。费曼听到一个结论时，有时候会立刻反驳说，"这不可能"。后来，保罗·斯坦哈特才发现，费曼说的不可能，往往意味着"哇！这里有一种神奇的东西，与我们通常认为正确的东西相矛盾。这值得我们去搞清楚"。费曼尚且如此，何况我呢？[279] 在科学研究中，科学家经常尝试设立一些no-go（止步）定理。但科学的发展表明，no-go定理往往就是用来go的，这些止步定理的预设条件，往往是突破这些止步定理，推动科学突破重大的方向。

最后，我的评论，当然只能就现在已知的科学展开。但也许1000年之后，我们现在说的不可能的事情或许会变为可能了呢。现代科学对古人来说不啻于魔法。我们现在习以为常的很多事情，如果写在牛顿时代的科幻作品里，牛顿大概也会不以

---

279 著名科幻小说作家亚瑟·克拉克曾把他科技研究和科幻写作的经验总结成"克拉克三定律"。其中第一定律为："如果一个德高望重的老科学家说一件事情是可能的，他几乎肯定正确；如果他说一件事是不可能的，他很可能错误。"

为然吧。正如章北海所说:"我们在自己的科学和理性指导下看到的事实,未必是真正的客观事实……不能用技术决定论和机械唯物论把未来一步看死。"从这个角度,科幻作品或许比科学更能超越时代。

正是因为捉这些虫的目的是为读者提供知识,而不是为作者挑刺,所以其中也包含了一些在《三体》完稿后才有的进展。这些进展,在《三体》写作时,就算最专业的科学家也没法写成按现在的观点正确的样子。但是,为读者考虑,我们还是把它们列出来。

在捉虫之前,这番长篇大论的目的是,一方面希望你可以受到我批评的启发,另一方面,想象力不要被我的粗陋和保守所压制。好,现在,捉虫开始。

《三体Ⅰ》

第六章 《宇宙闪烁之一》

微波背景辐射实验卫星COBE、WMAP、Planck实验运行时间没有重叠(除WMAP和Planck有一年的重叠以外),无法同时查看3个实验的实时结果。另外,这些实验的实时数据是保密的,按照规定,不会给实验组外的成员展示。直到数据分析的论文发表后(往往还更晚些),数据才会公开。

第十六章 《三体、哥白尼、宇宙橄榄球、三日凌空》

《三体》对飞星的解释:当太阳超出一定距离,行星大气层内就观测不到太阳的气态外层。但是,恒星的光随距离,除了因为空间发散造成的强度变化,应该没有任何其他效应。另外,太阳的大气,从内到外分为光球层、色球层和日冕层。因为光球层最亮,通常,我们所说的太阳表面是光球层的表面。光球层很薄(厚度约500千米,和太阳半径696 300千米相比几乎可以忽略)。就算看不到光球层,也只会让太阳光变弱,而不会让太阳看起来明显变小。最后,太阳内部是不透明的,太阳内核的光线需要经过多次碰撞散射才能发射出来,这些碰撞的效应无法被行星大气效应抵消。

第十七章 《三体问题》

三体问题虽然没有解析解，但这不是三体人生存的障碍。因为早就制造了人列计算机的三体人可以计算三体问题的数值解。三体人生存的障碍与三体问题没有解析解相关但不同，三体人生存的障碍是三体系统会陷入混沌运动。在混沌运动中，任何对于初始条件测量的误差，以及外界环境的扰动，都会被指数放大，让系统在实际操作上难以预测。这就好比，我们无法做长期天气预报，不是因为天气系统没有解析解，而是因为天气系统是混沌的。

第十八章 《三体、牛顿、冯·诺依曼、秦始皇、三日连珠》

制造人列计算机的时候，制造用作数值积分用途的专用机比制造通用机更省人力，运行速度更快。历史上，数值积分用途的专用机也是更早出现的。

在三日连珠的描写中，三体世界表面的一切都被吸向太阳。如果三颗恒星对行星的引力作用如此明显，可以设置测量重力反常的仪器，来实时测量三颗星的位置。这样，就提供了短时预警机制，而不必等三颗星升起。

当三日连珠的引力抵消了行星的引力后，秦始皇抽出剑的时候没有感觉轻，挥了几下才感觉轻，这是不现实的。因为抽出剑不动的时候，感到的是剑受到的重力，会受到恒星重力抵消效应影响。而挥剑的时候，使的力气主要是让剑加速，是剑的惯性决定的。剑的惯性不会被恒星重力抵消。

第二十三章 《红岸之五》

这时，在12 000兆赫波段上，太阳是银河系中最亮的一颗星。

银河系中有很多十分强大的射电源。如果用太阳微波爆发的强度估计用太阳发射信号的功率，那么在地球上测得太阳微波的强度在$10^{-18}\mathrm{Wm}^{-2}\mathrm{Hz}^{-1}$量级[280]。而很多强大的射电源，例如最亮的蟹状星云脉冲星[281]，换算到太阳与地球距离，其在微波

280　参见Kundu, Vlahos. Solar Microwave Bursts-A review. Space Science Reviews[J]. 1982; 32: 405–462。
281　参见《射电天文手册》第三版。

波段上的强度可达$10^{-5}Wm^{-2}Hz^{-1}$。所以，让太阳成为银河系中某微波波段最亮的一颗星是很难的一件事情。

第二十四章 《红岸之六》

叶文洁收到三体的回电，著名的"不要回答！不要回答！！不要回答！！！"由于中国东北无法看到南门二，叶文洁应该很难收到回波。如果三体人考虑到这个问题，使用无线电天波通信的波段，似乎又超出了红岸基地能收到的范围。如果当时国家考虑充分一点，应该把红岸基地建在南方，因为建在南方的巡天望远镜可以覆盖更大天区范围，也就没有看不到南门二的问题了。

三体人居然直到地球发送信息，才发现太阳系存在宜居行星。目前，地球人类已经发现比邻星的宜居行星"比邻星b"。按说更先进的三体人应该早就通过天文观测发现了地球才对。不过，关于地外行星的研究最近30年发展极快。《三体》完稿时还没有发现比邻星的宜居行星"比邻星b"。所以，即使当时专业的天文学家，也未必觉察到这是个问题。

第三十三章 《监听员》

监听员说的和想的不一样，和三体人不会欺骗的特性不符。另外，人类和三体文明往复通话，高级文明应该可以通过时间差和角度差把人类和三体文明定位出来。

第三十四章 《智子》

"这就是说，地球文明距我们仅四万光时。"

"那不就是距离我们最近的那颗恒星吗？！"

"是的，所以我说：上帝在保佑三体文明。"

距离太阳最近的恒星系统是南门二三合星系统。但是距离南门二最近的邻居并不是太阳，而是卢曼16双棕矮星系统（Luhman 16，又称WISE 1049-5319），距离南门二A、B仅3.577光年，距比邻星仅3.520光年。卢曼16距离太阳6.516光年。不过，棕矮星质量太小，不算主序星，常被称为"失败的恒星"。从这个角度，说太阳是离三体最近的恒星也是可以的。

万一零维展开真的出现，质子带有的电荷也会转移到展开后形成的黑洞中。

通过解带点黑洞方程可以看出，以质子的质量和电荷，无法形成黑洞，只能形成裸奇点。从更一般的原理来讲，质子电荷转移到黑洞中的说法违背宇宙监督猜想和弱引力猜测。

我们在附录中的《智子》小节提到过，物理中很难为质子的高维展开建立模型。量子纠缠也无法让智子超光速传递经典信息。

《三体 II》

上部 《面壁者》

考虑到大气层对光的扰动，哈勃二号望远镜无法对人脸进行清晰成像。

中部 《咒语》

严格说，辐射也算是物质，并且需要消耗燃料质量来产生（爱因斯坦的质能方程）。所以，辐射驱动火箭应该也算工质火箭。不过，由于辐射（也就是光）的速度高于火箭飞行速度，辐射驱动的火箭是很有效的工质火箭（详见《飞向群星》一章中的《无工质推进》小节）。

下部 《黑暗森林》

深海中的压力，与加速产生的过载有重要区别。深海中的压力来自外部，但加速产生的过载会让身体内不同密度的部分受力不均，例如让身体里的血液重新分布。

水滴探测器分子"自身振动都消失了"，"这就是它处于绝对零度的原因"。绝对零度只可趋近，不能达到。即使达到绝对零度，仍然容许并且必然存在因量子不确定性原理导致的零点振动。也就是说，量子零点振动是物体最低能量状态的性质。即使放在真空中也无法再通过黑体辐射放出能量，这就是绝对零度了。绝对零度的物质仍然有零点振动。

罗辑和三体人对话的时候，如果三体人懂博弈论，应该采取更对等的手段进行交涉，特别是可以使用多轮谈判的方式。

《三体Ⅲ》

第一部 《公元1453年5月，魔法师之死》

人类进入四维碎片，会导致电子飞出原子核。本书正文中讨论了更多细节和让人类进入四维碎片的可能保护措施。

第二部 《威慑纪元12年，"青铜世纪"号》

因为光速，已知宇宙的尺度是一百六十亿光年。

我们不知道宇宙有多大。可观测部分宇宙的半径是465亿光年。宇宙的年龄是138亿年，但由于宇宙膨胀，在光年单位下的可观测宇宙的半径大于宇宙年龄。

飞行车以贴地的高度朝尘云方向飞去，速度很慢。AA问开车的士兵那是怎么回事，士兵说他也不知道，那火山共喷发了两次，间隔几分钟时间，他说这可能是中国境内有史以来的第一座活火山吧。

根据中国国家应急广播网，中国已探明的活火山有14座，分别为黑龙江五大连池火山、镜泊湖火山，吉林长白山天池火山、龙岗火山，内蒙古科洛火山、诺敏河火山、阿尔山火山、阿巴嘎火山、乌兰哈达火山，新疆阿什库勒火山，云南腾冲火山，海南琼北海口火山，台湾大屯火山、龟山岛火山。其中，喷发时间最近的是1951年喷发的阿什库勒火山。

在这些活火山中，最有名的应该是长白山天池火山。它在公元946年的喷发，是世界上有记载的几大活火山事件之一。当时，远在日本京都都可以感受到火山喷发的振动[282]，也受到了飘洋过海的火山灰的影响。长白山上一次喷发是在1903年，距今也不太远。

---

[282] "廿三日丙申，子刻，振动，声在上。"——《日本纪略》

当蓝色空间和万有引力号上的船员进入四维碎片的时候，太空中的物体很容易就可以有巨大的相对速度。长期保持相对静止是巨大的巧合。（"魔法师之死"中也有类似问题，但是很难确定地球引力是否对四维碎片运动产生了影响。）

第三部 《广播纪元7年，程心》

如果太阳系的真空光速降到每秒十六点七千米以下，光将无法逃脱太阳的引力，太阳系将变成一个黑洞。

这里，16.7千米/秒，是地球位置处的物体想逃脱太阳系需要达到的速度。也就是说，第三宇宙速度是考虑到地球的特殊位置而定的。在太阳系边缘，无论是冥王星，还是奥尔特云等的逃逸速度都要低得多。

由于光速不可超越，如果光出不去，那就什么都出不去。

有趣的是，黑洞的霍金蒸发过程可以通过量子纠缠的形式，把黑洞内的信息逐渐"泄露"出去。近年来，关于黑洞的量子纠缠研究进展很快。目前在一些简单黑洞模型中，已经达成了通过量子纠缠泄露黑洞信息的计算。

第四部 《掩体纪元11年，掩体世界》

微型黑洞被射入木卫十三，吸入物质后急剧扩大。

其实，微型黑洞吸收物体（吸积）并不是那么容易的事情。目前，对于微型黑洞穿过地球的影响，已经有一些研究[283]。这些影响可以通过精密仪器探测到，但并不显著（原初黑洞被卡在地球里一直吸积除外）。

《三体》中把冥王星归为行星。通常，我们说行星的时候，指大行星，而不是矮行星或小行星。2006年，国际天文学联合会（IAU）为行星指定标准，冥王星不再符合行星的标准（冥王星没有能力将它轨道附近的物质清空），而是被降级成柯伊伯带中的一颗矮行星。在太阳系已知矮行星中，冥王星体积最大，质量第二大。

因为冥王星降级事件，2006年美国方言协会评出的年度热词是"plutoed"（也

---

[283] 参见arXiv: 0710.3438, 1203.3806, 2107.11139等。

就是说,to pluto,被冥王星了)。说谁"被冥王星了"就是惨遭降级的意思。

第六部 《银河纪元409年,我们的星星》

关一帆和程心的对话中透露出宇宙早期有更多空间维度。这在物理上非常难以构造。因为宇宙微波背景辐射(宇宙诞生后38万年时候的一张"快照")显示,宇宙当时已经是三维的。高维空间即使存在,体积也可以忽略。很难想象在宇宙诞生38万年的时间内,维度战争已经进行完毕了。

程心和关一帆落入黑域,之后进入云天明为程心准备的小宇宙,而小宇宙的开口可以在宇宙中任何地方。这样,提供了一种脱离黑域的方法,黑域也算不上严格的安全声明了。

归零者认为,如果没有人从宇宙中拿走质量,宇宙将:(1)由闭宇宙转向开宇宙;(2)从终将坍缩转向一直膨胀。这两个论断都有问题。第一,闭宇宙的体积是有限的,开宇宙体积无限。两者的区别是拓扑结构的变化,无法从对系统微小的扰动中得到。第二,目前,宇宙由暗能量主导。在目前最简单的暗能量模型中,宇宙的未来一直由暗能量主导,宇宙会一直加速膨胀[284]。无论宇宙的拓扑结构是闭宇宙还是开宇宙,宇宙都不会坍缩。

《三体》中最大的bug是什么?

最后,《三体》中最大的bug是什么呢?有网友指出,三体人污蔑地球人是虫子可能三体人自己真是虫子的形态。如果是这样,《三体》中最大的bug(虫子),可能是三体人自己吧?

---

284 当然,在这一点上,我们也可以"反向脑洞"一下:暗能量和宇宙加速膨胀的存在,是不是可能因为有些智慧声明把能量从我们的宇宙偷走,去建立新的宇宙了呢?用这个脑洞来构造一个暗能量模型,或许也是个有趣的尝试(并且解决了为什么暗能量刚好现在和其他能量成分差不多的巧合问题)。